中国石漠化治理丛书

国家林业和草原局石漠化监测中心 ◎ 主审

GUANGDONG ROCKY DESERTIFICATION

广东石漠化

周命义　郑全胜　冯汉华　吴协保 ◎ 主编

中国林業出版社

·北京·

图书在版编目（CIP）数据

广东石漠化 / 周命义等主编 . -- 北京 : 中国林业出版社 , 2020.10
（中国石漠化治理丛书）

ISBN 978-7-5219-0836-7

Ⅰ . ①广… Ⅱ . ①周… Ⅲ . ①沙漠化—沙漠治理—研究—广东 Ⅳ .
① S288

中国版本图书馆 CIP 数据核字 (2020) 第 192735 号

中国林业出版社
责任编辑：李　顺　陈　慧　薛瑞琦
出版咨询：（010）83143569

出 版：中国林业出版社（100009 北京西城区德内大街刘海胡同 7 号）
网 站：http://www.forestry.gov.cn/lycb.html
印 刷：北京博海升彩色印刷有限公司
发 行：中国林业出版社
电 话：（010）83143500
版 次：2020 年 10 月第 1 版
印 次：2020 年 11 月第 1 次
开 本：787mm × 1092mm　1 / 16
印 张：9
字 数：250 千字
定 价：198.00 元

《广东石漠化》编写委员会

主　　编： 周命义　郑全胜　冯汉华　吴协保

副 主 编： 彭　达　赖广梅　查钱慧　杨沅志　唐光大

编　　委： 林寿明　薛春泉　李志洪　但新球　宁小斌　吴照柏
江建发　伍国清　黄长宽　孟先进　付海真　苏树权
文昌宇　刘　伟　张华英　黎颖卿　钟海智　丘娟珍
邓冬旺　杨佐兵

前　言

石漠化是我国岩溶地区的首要生态问题，集中分布在湖北、湖南、广东、广西、重庆、四川、贵州和云南八省（自治区、直辖市）。加强石漠化防治是维护国土生态安全、改善生态环境的迫切需要，是乡村振兴、脱贫攻坚的内在要求，是我国提高应对气候变化能力、树立负责任大国形象的重要措施。

广东省石漠化监测区包括清远市、韶关市、肇庆市、云浮市、阳江市、河源市6市21个县级行政区，集中在西北部，面积482.10万hm^2，约占全省土地面积的23.8%。为掌握岩溶地区石漠化动态变化情况，积极推进岩溶地区石漠化综合治理工作，广东省林业调查规划院分别于2005年、2011年、2016年组织开展了三次石漠化专题监测工作。监测数据显示：2005~2016年的监测期内，全省石漠化土地面积减少21918.1hm^2，植被类型从简单植被群落结构向完整植被群落结构演变的趋势，平均植被综合盖度由2005年的22.7%上升到2016年的39.2%，全省石漠化综合治理取得了阶段性成果，石漠化地区生活条件、人居环境和发展环境得到全面改善。

本书由国家林业和草原局荒漠化防治司组织编写，是“中国石漠化”系列丛书之一，系统分析了广东省三次监测石漠化土地动态变化趋势与原因，调查监测了广东省石漠化监测区植物资源、珍稀及特有植物、植物区系和群落多样性，总结推广了广东省石漠化综合治理模式、树种选择，科学评价了广东省石漠化综合治理工程建设成效与典型经验，对广东省实施乡村振兴战略、决胜全面建成小康社会、构建“一核一带一区”区域发展新格局、建设粤港澳大湾区和推进生态文明建设具有重要的现实意义。

本书编写过程中得到了国家林业和草原局石漠化监测中心、广东省林业局、广东省生态公益林管理办公室、华南农业大学、监测区各级林业行政主管部门等单位的大力支持和帮助，在此表示诚挚的谢意。全书共7章，具体撰写分工如下：第1章由杨沅志编写，第2章由周命义、查钱慧编写，第3章由查钱慧、周命义、赖广梅编写，第 4 章由周命义编写，第 5 章由郑全胜编写，第 6 章由冯汉华编写，第 7 章由唐光大、彭达、杨沅志编写，广东省石漠化地区植物名录由唐光大、查钱慧编写，书中图件由张华英绘制；全书统稿由周命义负责，编委会的其他成员负责提供有关资料及校审工作。

《广东石漠化》编委会

2020 年 5 月

目 录

第一章 基本情况

第一节 自然地理概况

一、地理位置

广东省位于祖国大陆最南部，地处北纬 20°09′~25°31′ 和东经 109°45′~117°20′ 之间。陆域东邻福建，北接江西、湖南，西连广西，南临南海并在珠江三角洲东西两侧分别与香港、澳门特别行政区接壤，西南部隔琼州海峡与海南省相望，北回归线从南澳—从化—封开一线横贯全省。陆地最东端至饶平县大埕镇，最西端至廉江市高桥镇，东西跨度约 800km。最北端至乐昌市白石镇，最南端至徐闻县角尾镇，跨度约为 600km。根据 2018 年土地变更调查统计数据，全省陆地面积 17.97 万 km^2，约占全国陆地面积的 1.87%。海域面积 42 万 km^2，是陆域面积的 2.3 倍。大陆海岸线长 4114km，居全国首位。有海岛 1963 个，总面积 1513.2km^2，在全国沿海省（自治区、直辖市）中位列第二，仅次于浙江。

全省石漠化监测区包括清远市、韶关市、肇庆市、云浮市、阳江市、河源市 6 市 21 县（市、区），集中在西北部，地理坐标北纬 21°56′~25°33′，东经 111°30′~115°6′，行政区面积 482.10 万 hm^2，西与广西接壤，北与湖南、江西相连。

二、地形地貌

广东省自然地貌受地壳运动、岩性、褶皱和断裂构造以及外力作用的综合影响，地貌类型复杂多样，主要有山地、丘陵、台地和平原 4 种类型，其面积分别占全省土地总面积的 33.7%、24.9%、14.2% 和 21.7%，河流和湖泊等只占全省土地总面积的 5.5%。地势总体上北高南低，北部多为山地和高丘陵，最高峰石坑崆海拔 1902m，位于阳山、乳源与湖南省的交界处；南部则为平原和台地。台地以雷州半岛—电白—阳江一带和海丰—潮阳一带分布较多。平原以珠江三角洲平原面积最大，潮汕平原次之，此外还有高要、清远、杨村和惠阳等冲积平原。全省山脉大多与地质构造的走向一致，以北东—南西走向居多，如斜贯西部、中部和东北部的罗平山脉和东部的莲花山脉；北部的山脉则多为向南拱出的弧形山脉，此外东部和西部有少量西北—东南走向的山脉；山脉之间有大小谷地和盆地分布。构成各类地貌的基岩岩石以花岗岩最为普遍，砂岩和变质岩也较多，西北部还有较大片的石灰岩分布。此外，局部还有景色奇特的红色岩系地貌，如丹霞山和金鸡岭等；丹霞山（2004 年）和湖光岩（2006 年）先后被评为世界地质公园。

全省石漠化监测区北部以中、低山为主，西部以丘陵居多；岩溶地貌分布其中，发育典型，峰丛、孤峰、残丘或连片或交替，地下河普遍发育，地势由西部向东南倾斜。总体上看，从粤北山地至粤西丘陵区，由强烈化割切的岩溶山地转化为溶蚀堆积的岩溶平原，从发育程度上，可将监测区岩溶地貌分为峰丛、峰林、孤峰和残丘 4 种类型。峰丛分布在粤北靠近湖南省的边缘，海拔多在 500m 以上，石山可高达 1000m 以上，相对高约 600m，石山密集，基座相连，以乐昌市、阳山县为代表，峰丛之间漏斗、落水洞、圆洼地、盲谷发达。峰林主要分布在清远地区，以清新县、连南县一带为代表，多呈圆柱形或锥形。孤峰主要分布在岩溶平原上，以怀集县、阳春市一带为代表，孤峰分散，孤立在岩溶平原上。

三、气候条件

广东省属于东亚季风区，从北向南分别为中亚热带、南亚热带和热带气候，是全国光、热和水资源较丰富的地区，且雨热同季，降水主要集中在 4~9 月。全省年平均气温 21.8℃。年平均气温分布呈南高北低，雷州半岛南端徐闻县最高（23.8℃），粤北山区连山县最低（18.9℃）。月平均气温最冷的 1 月为 13.3℃，最热的 7 月为 28.5℃。全省 86 个气象站中，历史极端最高气温为 42.0℃，出现在韶关市；极端最低气温 -7.3℃，出现在梅州市。年平均降水量为 1789.3mm，最少年份为 1314.1mm，最多年份达 2254.1mm。年降水量分布不均，呈多中心分布。3 个多雨中心分别是恩平—阳江、海丰和龙门—清远，其中年平均降水量恩平市超过 2500mm，海丰县接近 2500mm，龙门县为 2100mm。暴雨最频繁的是海丰县，年平均暴雨日数达 13.5d。月平均降水量以 12 月最少（32.0mm），6 月最多（313.5mm）。最大日降水量 640.6mm，出现在清远市。年平均日照时数自北向南增加，由不足 1500 h 增加到 2300 h 以上；年太阳总辐射量在 4200~5400MJ/m^2。广东省是各种气象灾害多发省份，主要灾害有暴雨洪涝、热带气旋、强对流天气、雷击、高温、干旱及低温阴雨、寒露风、寒潮和冰（霜）冻等低温灾害，灾种多，灾期长，发生频率高，灾害重。

全省石漠化监测区属亚热带季风气候，温暖湿润，适合多种林木生长，但森林多分布在非岩溶区，岩溶区森林覆盖率较低。监测区的年降雨在 1200~2000mm，而且多集中在 5~9 月，大雨、暴雨频率高，伴随着剧烈的雨水冲刷和径流，失去植被覆盖的石漠化土地水土流失较为严重。

四、土壤条件

广东省气候、地形、成土母岩、植被等自然条件复杂，对土壤的分布规律、发育过程和特性有较大的影响。在《全国土壤分类系统》中，广东占 6 个土纲，15 个土类，而且地带性、非地带性及垂直分布相互交错。广东土壤在热带、亚热带季风气候条件和生物生长因子的长期作用下，普遍呈酸性反应，pH 值在 4.5~6.5。成土母岩除雷州半岛为玄武岩外，大部分地区均为酸性岩类。花岗岩分布广泛，此外还有石英岩、砂页岩、紫色页岩和近代河海沉积物等。全省土壤大致可以分为6个区，其中以粤东山丘盆地赤红壤、黄壤、水稻土区和粤北山丘盆地赤红壤、黄壤、水稻土区面积较大，分别占26.28%和20.84%。土壤类型有赤红壤、砖红壤、红壤、山地黄壤、燥红土、山地草甸土、石灰土、紫色土、滨海沙土、磷质石灰土及水稻土。全省土壤随纬度由南至北呈现有规律的地带性变化，带状分布明显，可划分为磷质石灰土地带、砖红壤地带、赤红壤地带、红壤地带。磷质石灰土地带分布于南海诸岛，砖红壤分布在北纬22°以南，赤红壤分布在北纬22°~24°，红壤分布在北纬24°~26°。在不同土壤地带内，由于海拔的增加，生物和气候条件的改变，又构成不同的土壤垂直带。砖红壤地带内的垂直结构，海拔在200m以下的砖红壤，200~500m为山地砖红壤，500~900m为山地赤红壤，900~1400m为山地黄壤，1400m以上为山地草甸土。赤红壤地带内的垂直结构，海拔在500m以下为赤红壤，500~800m为山地红壤，800~1200m为山地黄壤，1200m以上为山地草甸土。红壤地带内的垂直结构，500m以下为红壤，500~700m为山地红壤，700~1200m为山地黄壤，1200m以上为山地草甸土。

全省石漠化监测区成土母岩主要为纯灰岩，间或少部分泥质灰岩或硅质灰岩。土壤多是由碳酸盐岩溶蚀残余物发育而成的石灰岩土，由于气候条件、碳酸盐岩的类型差异、成土物质的含量多寡不同，土壤性状亦有明显差异。石灰土根据发育程度和性状分为红色石灰土、黑色石灰土、灰色石灰土和黄色石灰土4个亚类。广东省岩溶区主要为红色石灰土和黑色石灰土。红色石灰土多分布在石灰岩山地海拔300~600m平缓的山腰和山麓，土体红棕色，土层较厚，多数在1m以上，土体干燥，植被差，土壤有机质少。黑色石灰土呈灰棕色至灰黑色，土层厚30~80cm，分布在石灰岩山地海拔600m以上的岩隙、岩沟和低洼处，湿度大，植被生长较好，有机质含量较高。灰色石灰土、黄色石灰土零星分布于石灰岩山地上部的岩缝中和坡麓低洼地。

五、水文条件

广东省河流众多，以珠江流域（东江、西江、北江和珠江三角洲）及独流入海的韩江流域和粤东沿海、粤西沿海诸河为主，集水面积占全省面积的99.8%。全省流域面积在100km^{2}以上的各级干支流共614条（其中，集水面积在1000km^{2}以上的有60条）。独流入海河流52条，较大的有韩江、榕江、漠阳江、鉴江、九洲江等。水文监测全省多年平均降水量1774mm，折合年均降水总量3145亿m^3。降水时程和地区上分布不均，年内降水主要集中在汛期4~10月，约占全年降水量的70%~85%；年际之间相差较大，全省最大年降水量是最小年的1.84倍，个别地区甚至达到3倍。全省多年平均水资源总量1830亿m^3，其中地表水资源量1820亿m^3，地下水资源量450亿m^3，地表水与地下水重复计算量440亿m^3。除省内产水量外，还有来自珠江、韩江等上游从邻省入境水量

2361 亿 m^3。

全省水资源时空分布不均，夏秋易洪涝，冬春常干旱。2017 年，广东省年平均降水量 1739.17mm，折合年降水总量 3088.39 亿 m^3，比常年偏少 1.79%，属于偏枯水年。全省水资源总量 1786.59 亿 m^3，比常年少 2.38%。地表水资源量 1777.01 亿 m^3，折合径流深 1000.69mm，比常年偏少 2.37%。全省人均水资源量 1599.59m^3。沿海台地和低丘陵区不利蓄水，缺水现象突出，尤以粤西雷州半岛最为典型。粤北喀斯特地区面积较广，土壤瘠薄，蓄水能力差，地表水缺乏。此外，不少河流中下游河段还由于城市污水排入，污染严重，水质性缺水的威胁比较严重。

全省石漠化监测区地表水系均属于珠江水系，其中连平县、东源县、新丰县处于东江流域；英德市、乐昌市、仁化县、乳源县、武江区、清新区、翁源县、新丰县、曲江区、始兴县处于北江流域；阳山县、连州市、英德市、连南县、乳源县处于连江流域；封开县、云城区、云安区、罗定市、阳春市等县处于西江流域；封开县（部分）、怀集县处于贺江流域。监测区域岩溶分布面积广，地下水广泛发育，碳酸盐岩溶水资源量占地下水资源总量的大部分，岩溶水接受大气降水的入渗补给、储藏、运移于溶洞和溶蚀裂隙中，并多以泉水、地下河形式在低洼地处流至当地江河中。

六、动植物资源

广东省动物种类多样。陆生脊椎野生动物有 774 种，其中兽类 110 种、鸟类 507 种、爬行类 112 种、两栖类 45 种。此外，还有淡水水生动物的鱼类 281 种、底栖动物 181 种和浮游动物 256 种，以及种类更多的昆虫类动物。动物种类中，被列入国家一级保护的有华南虎 *Panthera tigris amoyensis*、云豹 *Neofelis nebulosa*、熊猴 *Macaca assamensis* 和中华白海豚 *Sousa chinensis* 等 22 种；被列入国家二级保护的金猫 *Catopuma temminckii*、水鹿 *Cervus unicolor*、穿山甲 *Manis pentadactyla*、猕猴 *Macaca mulatta* 和白鹇 *Lophura nycthemera*（省鸟）等 95 种。

广东省有维管束植物 289 科、2051 属、7717 种。其中野生植物 6135 种，栽培植物 1582 种。此外，还有真菌 1959 种，其中食用菌 185 种，药用真菌 97 种。植物种类中，属于国家一级保护野生植物的有仙湖苏铁 *Cycas fairylakea*、南方红豆杉 *Taxus wallichiana* var.*mairei* 等 7 种；属于国家二级保护野生植物的有桫椤 *Alsophila spinulosa*、广东松 *Pinus kwangtungensis*、白豆杉 *Pseudotaxus chienii*、樟 *Cinnamomum camphora*、凹叶厚朴 *Houpoea officinalis*、土沉香 *Aquilaria sinensis*、丹霞梧桐 *Firmiana danxiaensis* 等 48 种。为切实保护野生植物资源，维护生物多样性，广东省人民政府 2018 年 11 月公布了《广东省重点保护野生植物名录（第一批）》20 种，包括中华双扇蕨 *Dipteris chinensis*、长苞铁杉 *Tsuga longibracteata*、走马胎 *Ardisia gigantifolia*、银钟花 *Halesia macgregorii*、巴戟天 *Morinda officinalis*、虎颜花 *Tigridiopalma magnifica* 等。

广东省具有丰富的地带性森林植被，地域分布特征明显。主要地带性森林植被从北至南分为北部的中亚热带典型常绿阔叶林、中部的南亚热带季风常绿阔叶林以及南部的热带季雨林。由于受人为干扰破坏，各地带原生性的森林植被类型残存不多。在热带地区的次生森林植被以具有硬叶常绿的稀树灌丛和草原为优势，亚热带地区则以针叶稀树灌丛，草坡为多，人工林以杉木 *Cunninghamia lanceolata*、马尾松 *Pinus massoniana*、湿地松 *Pinus elliottii*、桉 *Eucalyptus robusta*、竹林等纯林为主。

全省石漠化监测区维管植物 143 科 376 属 636 种。其中蕨类植物 22 科 30 属 58 种；裸子植物 3 科 3 属 3 种；双子叶植物 101 科 295 属 478 种；单子叶植物 17 科 73 属 97 种。乔木层优势树种有桂花 *Osmanthus fragrans*、阴香 *Cinnamomum burmannii*、青冈 *Cyclobalanopsis glauca*、木姜润楠 *Machilus litseifolia*、枫香 *Liquidambar formosana* 和苦槠 *Castanopsis sclerophylla*、香叶树 *Lindera communis* 等；灌木层优势物种主要是乔木层树种的幼苗，有桂花 *Osmanthus fragran*、牛耳枫 *Daphniphyllum calycinum*、油茶 *Camellia oleifera*、红背山麻杆 *Alchornea trewioides* 等；草本层主要有紫金牛 *Ardisia japonica*、浆果薹草 *Carex baccans*、华南毛蕨 *Cyclosorus parasiticus*、山蒟 *Piper hancei*、江南星蕨 *Neolepisorus fortunei*、络石 *Trachelospermum jasminoides* 等。目前记录的全省石漠化监测区分布有国家一级重点保护野生植物共 1 科 1 属 1 种，珍稀濒危植物 1 科 1 属 1 种，3 种受《濒危野生动植物种国际贸易公约》附录Ⅱ保护的兰科植物，21 种石灰岩特有植物，其中 12 种为广东省特有植物，目前仅在广东阳山县及其周围石灰岩山区有发现。植物区系在科级水平上以泛热带分布及其变形成分为主，也含有较多的世界广布和北温带分布及其变型成分。

第二节 社会经济概况

一、行政区划

截至 2019 年 12 月，广东省现有 21 个地级市，20 个县级市、34 个县、3 个自治县、65 个市辖区，1123 个镇、4 个乡、7 个民族乡、467 个街道办事处（表 1-1）。

表 1-1 广东省行政区划一览表

市别	县级市	县	自治县	市辖区	市辖镇	乡	民族乡	街道
全省合计	20	34	3	65	1123	4	7	467
广州				11	34			140
深圳				9				74
珠海				3	15			9
汕头		1		6	30			37

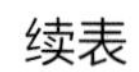
续表

市别	县级市	县	自治县	市辖区	市辖镇	乡	民族乡	街道
佛山				5	21			11
韶关	2	4	1	3	94		1	10
河源		5		1	94		1	6
梅州	1	5		2	104			6
惠州		3		2	48		1	22
汕尾	1	2		1	40			14
东莞					28			4
中山					18			6
江门	4			3	61			12
阳江	1	1		2	38			10
湛江	3	2		4	82	2		37
茂名	3			2	86			25
肇庆	1	4		3	87		1	16
清远	2	2	2	2	77		3	5
潮州		1		2	41			9
揭阳	1	2		2	61	2		20
云浮	1	2		2	55			8

根据我国宪法和有关法律规定，广东省设立连南瑶族自治县、连山壮族瑶族自治县、乳源瑶族自治县3个自治县和连州市瑶安瑶族乡、连州市三水瑶族乡、龙门县蓝田瑶族乡、怀集县下帅壮族瑶族乡、始兴县深渡水瑶族乡、阳山县秤架瑶族乡、东源县漳溪畲族乡7个民族乡。

表 1-2　广东省石漠化监测区行政区划一览表

市别	县级行政区数量	县级市	县	自治县	市辖区
全省合计	21	5	9	2	5
韶关	7	乐昌市	仁化县、翁源县、新丰县	乳源县	武江区、曲江区
河源	2		东源县、连平县		
阳江	1	阳春市			
肇庆	2		封开县、怀集县		
清远	5	英德市、连州市	阳山县	连南县	清新区
云浮	4	罗定市	新兴县		云城区、云安区

全省石漠化监测区包含6个地级市21个县（市、区），其中：5个县级市，分别为乐昌市、阳春市、英德市、连州市和罗定市；9个县，分别为仁化县、翁源县、新丰县、东源县、连平县、封开县、怀集县、阳山县、新兴县；2个自治县，分别为乳源县和连南县；5个市辖区，分别为武江区、曲江区、清新区、云城区和云安区。

二、人口状况

截至2018年年底，广东省常住人口11346万人，比上年增加177万人，增长1.58%，增幅同比略升0.03个百分点。2018年，广东省常住人口数量继续居全国首位，占全国人口总量的8.13%，比上年提高0.1个百分点，人口密度为全国的4.35倍。庞大的人口规模及其增长态势，将对资源环境构成巨大压力，生态产品的需求市场也会越来越大。

2018年末，全省常住人口区域分布总格局按人口数量排列依次为：珠三角核心区6300.99万人、沿海经济带（东西两翼）3357.89万人、北部生态发展区1687.12万人；分别占全省人口总量的55.53%、29.60%和14.87%。与上年比较，三大功能区域人口均呈上升趋势，其中珠三角核心区、沿海经济带（东西两翼）及北部生态发展区的人口数量分别增长2.45%、0.61%、0.36%。珠三角9市既是广东经济社会发展的主要核心区域，也是常住人口数量增幅最大、增长速度最快的区域，2018年珠三角核心区人口数量比上年增加150.45万人，增幅同比略降0.08个百分点，比同期全省常住人口增幅高0.87个百分点；其中，广州、深圳两个超大城市的人口分别比上年净增40.60万人和49.83万人，2市常住人口增幅占同期全省以及珠三角核心区常住人口增量的51.09%和60.11%。珠三角9市常住人口占粤港澳大湾区人口总量的88.55%，香港和澳门两个特别行政区分别占10.51%和0.94%；人口增幅超过同期大湾区2.28%的平均水平，分别比香港、澳门高1.51个和0.26个百分点。由于城镇化水平以及行政区域面积较大的原因，珠三角9市人口密度远低于粤港澳大湾区内的港澳地区。

2018年末，全省居住在城镇的常住人口为8021.62万人、居住在乡村的3324.38万人，分别占常住人口总量的70.70%和29.30%，常住人口城镇化率同比提高0.85个百分点。全省分区域人口城镇化水平均有不同程度的提高，珠三角核心区、沿海经济带（东西两翼）及北部生态发展区人口城镇化率分别为85.91%、52.70%和49.73%，比上年分别提高0.62、0.59和1.15个百分点。2018年，广东常住人口城镇化率比全国平均水平（59.58%）高11.12个百分点，是全国除上海、北京、天津3个直辖市外人口城镇化率最高的省份。随着城市化水平的提高，城市越来越成为经济发展的制高点。但是，随着城市的扩张和发展，人口和生产在城市的集中，必然带来水污染、大气污染、声污染、热岛效应等城市生态问题。

三、经济状况

广东省国民经济多年呈现持续快速健康发展的良好势头。2017年广东省实现地区生产总值（GDP）89705.23 亿元。其中，第一产业增加值 3611.44 亿元，增长 3.6%，对 GDP 增长的贡献率为 2.0%；第二产业增加值 38008.06 亿元，增长 6.5%，对 GDP 增长的贡献率为 39.0%；第三产业增加值 48085.73 亿元，增长 8.7%，对 GDP 增长的贡献率为 59.0%。三次产业结构为 4.0∶42.4∶53.6。2017 年广东人均 GDP 达到 80932 元。全省石漠化监测区实现地区生产总值（GDP）3280.39 亿元，仅占全省地区生产总值 3.66%。

表 1-3　广东省石漠化监测区 2017 年主要经济指标（单位：万元）

序号	单位	国内生产总值 GDP	地方一般公共预算收入	地方一般公共预算支出
1	乐昌市	1146562	59099	322126
2	仁化县	1089933	53833	207417
3	翁源县	758146	42372	271273
4	新丰县	695173	33030	183464
5	乳源县	826542	56301	268575
6	武江区	2302093	38942	120120
7	曲江区	1792694	85018	218076
8	东源县	1185454	88127	405454
9	连平县	748573	66770	285820
10	阳春市	3793330	112807	528747
11	封开县	1507757	42982	223758
12	怀集县	2233556	52831	390228
13	英德市	2720263	164227	625620
14	连州市	1460655	62852	260494
15	阳山县	969474	44033	216715
16	连南县	440830	12471	162565
17	清新区	2710246	132887	418757
18	罗定市	2043062	124961	524824
19	新兴县	2455389	175233	454609
20	云城区	1101488	49993	172468
21	云安区	822645	30619	147451
合计		32803865	1529388	6408561

2017 年全省地方一般公共预算收入 4713.23 亿元，其中石漠化监测区为 152.94 亿元，仅占全省的 3.24%；2017 年全省地方一般公共预算支出 9053.42 亿元，其中石漠化监测区为 640.86 亿元，仅占全省的 7.08%。

广东扶贫开发重点县（市、区）共21个，其中有乳源县、乐昌市、连平县、连州市、阳山县、连南县6个县（市）位于石漠化监测区。阳山县、乳源县属全国贫困县，清新区、连南县、连平县属于广东省级重点扶贫的特困县，怀集县、封开县属广东省山区贫困县。

四、经济布局

广东社会经济区域传统上可分为珠江三角洲、粤北山区、东翼和西翼四大经济区域。珠江三角洲地区包括广州、佛山、肇庆、珠海、中山、江门、深圳、东莞、惠州9市。粤北山区包括韶关、河源、梅州、清远、云浮5市。粤东地区包括汕头、潮州、汕尾和揭阳4市。粤西地区包括湛江、茂名、阳江3市。珠江三角洲、东翼、西翼和粤北地区四大板块在自然地理条件、经济社会发展水平、资源环境现状、生态环境敏感程度等方面都存在显著差异。粤北地区是全省的天然生态屏障，是重要的水源区，生态区位和地理位置十分重要；东、西两翼有较长的海岸线，拥有优越的地理条件，环境容量相对较大；珠三角城镇化水平、经济规模及经济水平较高，环境污染问题也最为突出。

2018年6月中共广东省第十二届委员会第四次全体会议上，省委书记李希指出，广东要以构建“一核一带一区”区域发展格局为重点，加快推动区域协调发展。改变传统思维，转变固有思路，突破行政区划局限，全面实施以功能区为引领的区域发展新战略，形成由珠三角核心区、沿海经济带、北部生态发展区构成的发展新格局，立足各区域功能定位，差异化布局交通基础设施、产业园区和产业项目，因地制宜发展各具特色的城市，推进基本公共服务均等化，有力推动区域协调发展。将全省区域发展格局明确为三大板块：一是推动珠三角核心区优化发展，以广州、深圳为主引擎建设全国首个国家森林城市群珠三角国家森林城市群和粤港澳大湾区森林体系，推进珠三角核心区生态服务深度一体化，推动生态共建共享。二是把粤东、粤西打造成新增长极，与珠三角城市串珠成链形成沿海经济带，推动粤东粤西沿海地区积极融入粤港澳大湾区建设。三是把粤北山区建设成为生态发展区，以生态优先和绿色发展为引领，在高水平保护中实现高质量发展。

在“一核一带一区”区域发展格局中，石漠化监测区除封开县、怀集县和阳春市3个县（市）外，全部列入粤北生态发展区，但是上述3个县（市）属于粤北生态发展区的区域政策延伸适用范围。因此，石漠化监测区的21个县（市、区）全部适用于粤北生态发展区的功能定位与发展导向，作为广东省重要的生态屏障，石漠化监测区未来发展将强化生态屏障和水源涵养地功能，坚定不移走绿色发展道路，推进粤北生态特别保护区规划建设，建立国家公园和重大生态廊道，因地制宜发展全域旅游、现代农业、生态林业、健康医养、绿色食品等生态产业。

表 1-4　广东省“一核一带一区”功能定位与发展导向表

功能区		功能定位	发展方向	区域范围	区域政策延伸适用范围
一核	珠三角地区	引领全省发展的核心区和主引擎	对标建设世界级城市群，推进区域深度一体化，加快推动珠江口东西两岸融合互动发展，携手港澳共建粤港澳大湾区，打造国际科技创新中心，建设具有全球竞争力的现代化经济体系，培育世界级先进制造业集群，构建全面开放新格局，率先实现高质量发展，辐射带动东西两翼地区和北部生态发展区加快发展	广州、深圳、珠海、佛山、惠州、东莞、中山、江门、肇庆 9 市	
一带	沿海经济带	新时代全省发展的主战场	珠三角沿海地区：发展方向同上	广州、深圳、珠海、惠州、东莞、中山、江门 7 市	
			东西两翼地区：推进汕潮揭城市群和湛茂阳都市区加快发展，强化基础设施建设和临港产业布局，疏通联系东西、连接省外的交通大通道，拓展国际航空和海运航线，对接海西经济区、海南自由贸易港和北部湾城市群，把东西两翼地区打造成全省新的增长极，与珠三角沿海地区串珠成链，共同打造世界级沿海经济带，加强海洋生态保护，构建沿海生态屏障	东翼：汕头、汕尾、揭阳、潮州 4 市 西翼：湛江、茂名、阳江 3 市	龙门、广宁、封开、德庆、怀集、揭西、陆河、阳春、高州、化州、信宜 11 县（市）
一区	北部生态发展区	全省重要的生态屏障	以保护和修复生态环境，提供生态产品为首要任务，严格控制开发强度，大力强化生态保护和建设，构建和巩固北部生态屏障。合理引导常住人口向珠三角和区域城市及城镇转移，允许区域内地级市城区、县城以及各类省级以上区域重大发展平台和开发区（含高新区、产业转移工业园区）点状集聚开发，发展与生态功能相适应的生态型产业，在确保生态安全前提下实现绿色发展	韶关、梅州、河源、清远、云浮 5 市	北部生态发展区地级市市区、县城及全省生态发展县（市、区）各类省级以上区域重大发展平台和开发区（含高新区、产业转移工业园区）

五、土地利用现状

根据 2018 年土地变更调查统计数据，广东省土地总面积 1797.25 万 hm^2。其中，农用地 1491.65 万 hm^2，建设用地 207.23 万 hm^2，未利用地 98.37 万 hm^2。农用地中，耕地 259.97 万 hm^2、园地 126.07 万 hm^2、林地 1000.79 万 hm^2、草地 3103.95hm^2、其他农用地 103.52 万 hm^2。建设用地中，城镇村及工矿用地 168.15 万 hm^2、交通运输用地 19.58 万 hm^2、水库及水工建筑用地 19.51 万 hm^2。未利用地中，其他土地 55.35 万 hm^2、未利

用土地 43.02 万 hm^2。广东省是国内人多地少的省份之一，土地资源的特点为：自然地理环境优越，土地复种指数高；地势北高南低，海陆兼备，适合多元化经营；地缘人缘优势明显，有利于发展外向型经济；然而，人地关系矛盾突出，土地资源分布与建设用地需求空间“错位”，保护耕地与保障发展难以协调。

第三节　森林资源概况

一、各类林地面积

广东省石漠化监测区林业用地面积为 370.81 万 hm^2，约占全省林业用地面积的 33.8%。按地类划分，有林地 306.66 万 hm^2，占 82.70%，其中乔木林地 286.25 万 hm^2，竹林 20.41 万 hm^2；疏林地 0.56 万 hm^2，占 0.15%；灌木林地 38.8 万 hm^2，占 10.46%，其中特殊灌木林地 34.8 万 hm^2，其他灌木林地 4.0 万 hm^2；未成林地 10.35 万 hm^2，占 2.79%；无立木林地 11.16 万 hm^2，占 3.01%；宜林地 2.17 万 hm^2，占 0.59%；苗圃地 0.24 万 hm^2，占 0.06%；林业辅助生产用地和林业部门管理的其他土地 0.87 万 hm^2，占 0.23%。

石漠化监测区森林覆盖率为 71.62%，比全省森林覆盖率高出约 12.7 个百分点。与全省各类林地面积比较，石漠化监测区有两个明显特点：一是灌木林地面积大、比重高。石漠化监测区灌木林地面积 38.8 万 hm^2，占全省灌木林地面积的 60.47%；国家特别规定灌木林地面积 34.8 万 hm^2，占全省国家特别规定灌木林地面积的 65.54%。二是未成林地面积占比高于全省平均水平。石漠化监测区未成林地面积 10.35 万 hm^2，占全省未成林地面积的 64.05%。

二、各类林木蓄积

石漠化监测区活立木总蓄积为 20458.34 万 m^3，其中乔木林为 19644.40 万 m^3，占总蓄积量的 96.02%；非林地乔木林为 494.25 万 m^3，占总蓄积量的 2.42%；疏林为 8.32 万 m^3，占总蓄积量的 0.04%；散生木为 162.44 万 m^3，占总蓄积量的 0.79%；四旁树为 148.94 万 m^3，占总蓄积量的 0.73%。

按龄组计，乔木林中龄林面积约 99.35 万 hm^2，占比 34.97%；蓄积 7247.88 万 m^3，占比 37.02%。其次为幼龄林，面积 94.52 万 hm^2，占比 33.27%；蓄积 4387.16 万 m^3，占比 22.41%。

按优势树种统计，乔木林中其他软阔蓄积量最大，约 4243.83 万 m^3，占比 21.06%；其次为杉木和桉，分别为 3160.76 万 m^3、2976.67 万 m^3，分别占比 15.69% 和 14.77%。

表 1-5　广东省石漠化监测区乔木林各龄组面积、蓄积一览表

类别	面积 / 万 hm^2	比例 /%	蓄积 / 万 hm^2	比例 /%
幼龄林	94.52	33.27	4387.16	22.41
中龄林	99.35	34.97	7247.88	37.02
近熟林	44.58	15.69	3873.2	19.78
成熟林	26.76	9.42	2382.86	12.17
过熟林	18.89	6.65	1688.57	8.62
合计	284.1	100	19579.67	100

注：本表统计乔木林时，扣除不分龄组的经济林面积 2.15 万 hm^2（蓄积 64.73 万 m^3）。

三、林种结构

表 1-6　广东省石漠化监测区各林种面积一览表

类别	面积 / 万 hm^2	比例 /%
生态公益林	161.45	43.64
① 特种用途林	29.87	8.07
② 防护林	131.58	35.57
商品林	208.50	56.36
① 用材林	193.00	52.17
② 薪炭林	3.64	0.98
③ 经济林	11.86	3.21
合计	369.95	100

石漠化监测区林业用地按林种划分，省级以上生态公益林达到 161.45 万 hm^2，占林业用地的 43.64%；商品林 208.5 万 hm^2，占林业用地的 56.36%。

第二章 石漠化监测技术方法

第一节 监测的范围

广东省岩溶分布区域涉及 6 个地级市 21 个县（市、区），粤北和粤西北是广东省出露岩溶的集中分布区，也是石漠化最为严重的地区，监测区面积约 1.06 万 km^2，分布于 6 个地级市 21 个县（市、区），具体县级监测单位名单如下。

清远市：英德市、连州市、清新区、连南县、阳山县；

韶关市：武江区、乐昌市、仁化县、翁源县、新丰县、曲江区、乳源县；

肇庆市：封开县、怀集县；

云浮市：云城区、云安区、罗定市、新兴县；

阳江市：阳春市；

河源市：东源县、连平县。

第二节 监测的主要技术标准

一、岩溶土地石漠化状况分类

岩溶土地按是否石漠化分为石漠化土地、潜在石漠化土地和非石漠化土地 3 大类。

（一）石漠化土地

石漠化指在热带、亚热带湿润—半湿润气候条件和岩溶极其发育的自然背景下，受人为活动干扰，使地表植被遭受破坏，造成土壤严重侵蚀，基岩大面积裸露，砾石堆积的土地退化现象，是岩溶地区土地退化的极端形式。

石漠化土地指岩溶地区具有上述特征的退化土地，其具体评价标准为：基岩裸露度（或石砾含量）≥ 30%，且符合下列条件之一者为石漠化土地。

① 植被综合盖度＜ 50% 的有林地、灌木林地。

② 植被综合盖度＜ 70% 的草地。

③ 未成林造林地、疏林地、无立木林地、宜林地、未利用地。

④ 非梯土化旱地。

（二）潜在石漠化土地

基岩裸露度（或石砾含量）≥ 30%，土壤侵蚀不明显，且符合下列条件之一者为潜在石漠化。

① 植被综合盖度≥ 50% 的有林地、灌木林地。

② 植被综合盖度≥ 70% 的草地。

③ 梯土化旱地。

（三）非石漠化土地

除石漠化土地、潜在石漠化土地以外的其他岩溶土地。

二、石漠化程度

石漠化程度分为轻度石漠化（Ⅰ）、中度石漠化（Ⅱ）、重度石漠化（Ⅲ）和极重度石漠化（Ⅳ）4 级。

三、石漠化演变类型

针对石漠化与潜在石漠化的发生发展趋势情况，石漠化演变类型分为明显改善、轻微改善、稳定、退化加剧和退化严重加剧 5 个类型。可概括为顺向演变类（明显改善型、轻微改善型）、稳定类（稳定型）和逆向演变类（退化加剧型、退化严重加剧型）3 大类。

四、土地利用类型

土地利用类型分为林地、耕地、草地、建设用地、水域、未利用地。

五、环境调查因子

调查的主要环境因子有地貌、海拔、坡度、坡位、植被、土壤等。

六、其他指标

主要有治理措施类型、工程类别、石漠化变化原因、土地利用变化原因、流域划分、土地使用权属等。

第三节　主要监测方法

一、监测工作流程

采用“3S”技术与地面调查相结合，以地面调查为主的技术路线。以前期石漠化监测图斑地理信息数据为本底，利用经过几何精校正和增强处理后的近期卫星遥感影像数据，建立解译标志；首先在室内应用地理信息系统按照图斑区划条件要求目视解译区划图斑，对发生变化图斑需要进行区划与解译，再结合全球卫星定位系统到实地核准图斑界线，调查与核实各项监测因子，完成图斑界线与监测因子的入库修正；然后通过统计、汇总获取本期石漠化的面积、分布及其他方面的信息；最后根据两期调查结果进行对比分析，掌握石漠化的动态变化情况。

主要工作流程为前期准备与技术培训，遥感影像数据购置与处理，建立解译标志，遥感影像目视解议区划，现地核实与调查，数据录入与检查，监测质量检查，统计汇总与报告编写，成果上报。

二、遥感数据处理

应用地形图按高斯—克吕格投影对遥感影像数据进行几何精校正。每景影像选取40~50个分布均匀的控制点进行校正。校正后的中误差应小于1个像元。

亦可利用校正好的遥感影像对新的遥感影像进行配准，配准后的误差应小于1个像元。当一景影像分布在不同投影带时，分别按影像所在的投影带作几何精校正。根据所选遥感信息源的波段光谱特性和地区特点，选择最佳波段组合，利用数字图像处理方法进行信息增强。要保证信息层次丰富清楚、基岩裸露与植被盖度差异分明、土地利用差别显著，纹理清晰。当一个解译区域涉及一景以上的遥感影像时，要采用数字镶嵌方法进行无缝拼接处理。

三、遥感影像目视解译区划

应用统一的地理信息系统，以整理后的前期监测数据为本底，依据最新遥感影像，参考相关的辅助图件资料及基础地理信息数据，对出现变化的区域，按区划条件，开展人机交互区划。对照前期典型小班特征点数据库，对出现变化的小班调查因子进行初步解译，形成解译小班对应的属性数据。解译可以参考相关的辅助图件资料。

四、现地调查核实

将最新小班数据、遥感影像、行政界线、基础地理信息等数据导入数据采集器。采用数据采集器开展外业调查，对小班界线区划有误或明显位移的进行修正，核实、修正小班属性因子。采用数据采集器，按照石漠化状况、石漠化程度和土地利用类型分别建立典型小班特征点。每个典型小班特征点至少拍摄1张典型照片。以县（市、区）为单位，石漠化、潜在石漠化、非石漠化典型小班特征点数量不得低于对应小班总数的5%、3%、1%，且原则上每个乡有不少于10个典型小班特征点；前期已建立典型小班特征点的小班，需进行复位；若前期典型小班特征点数量达不到规定时，需增设典型小班特征点；典型小班特征点以乡为单位统一编号，从上到下，从左到右，做到不重不漏。将前期小班特征点数据导入数据采集器作为对照，保证本期照片与前期照片范围、区域尽量保持一致；通过数据采集器自动记载拍摄点的地理坐标信息和照片匹配小班的唯一编号信息，原则上每个乡照片拍摄点应位于不少于10个小班中；典型照片应能反映小班基岩裸露度、植被类型与盖度等基本特征；鼓励采用无人机等新技术手段获取典型照片或视频。将数据采集器现地调查结果及时导入石漠化监测信息管理系统，对原有初步解译数据进行更新。

五、内业汇总与成果编制

广东省本期石漠化县级内业区划、数据录入、逻辑检查等由外业工组人员完成，省级内业统计与成果编制由专人负责。

第三章　石漠化现状

第一节　石漠化土地现状

一、石漠化土地分布状况

（一）广东省石漠化土地状况

广东省岩溶地区石漠化土地涉及 6 个地级市 21 个县（市、区），石漠化土地面积 59446.66hm^2，占岩溶土地面积的 5.61%，其中韶关市 31076.62hm^2，占石漠化土地面积的 52.28%；清远市 22677.09hm^2，占石漠化土地面积的 38.15%。各监测单位石漠化土地面积见图 3-1、表 3-1。

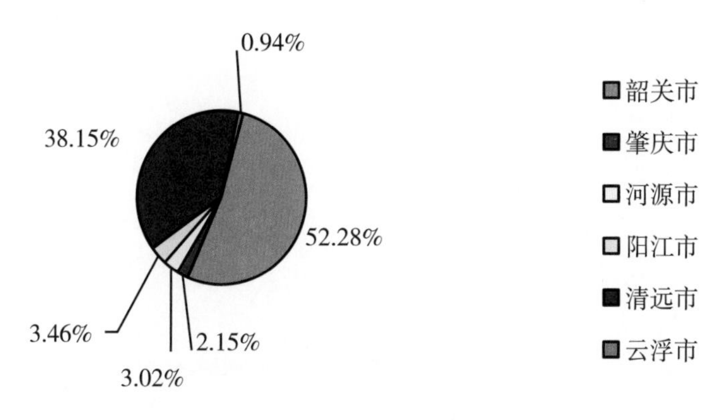

图 3-1　石漠化土地按行政单位统计图

表 3-1　石漠化土地按行政单位统计表

调查单位		面积 /hm^2	比例 /%
广东省		59446.66	100.0
韶关市	小计	31076.62	52.28
	武江区	1972.10	3.32
	曲江区	104.49	0.18
	仁化县		
	翁源县	1264.10	2.13
	乳源县	7937.14	13.35
	新丰县	25.21	0.04
	乐昌市	19773.58	33.26

续表

调查单位		面积 /hm²	比例 /%
肇庆市	小计	1279.12	2.15
	怀集县	1215.61	2.04
	封开县	63.51	0.11
河源市	小计	1797.60	3.02
	连平县	1797.60	3.02
	东源县		
阳江市	小计	2058.95	3.46
	阳春市	2058.95	3.46
清远市	小计	22677.09	38.15
	清新区	676.62	1.14
	阳山县	14791.89	24.88
	连南县	237.94	0.40
	英德市	6863.15	11.54
	连州市	107.49	0.18
云浮市	小计	557.28	0.94
	云城区	219.21	0.37
	云安区	55.71	0.09
	新兴县	11.96	0.02
	罗定市	270.40	0.45

（二）各流域石漠化土地状况

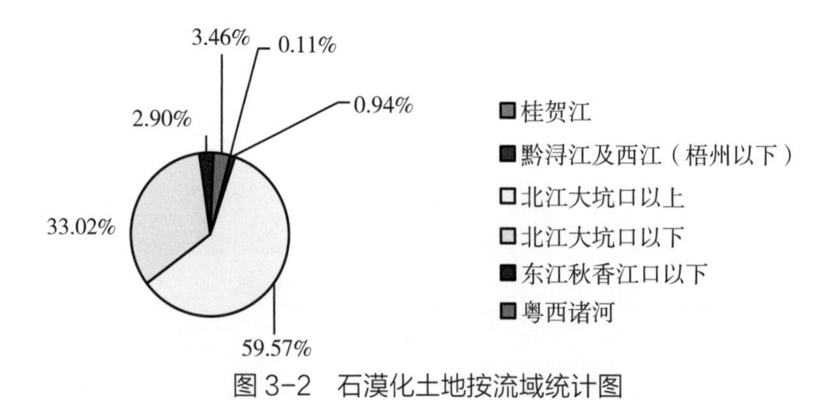

图 3-2　石漠化土地按流域统计图

广东省岩溶地区一级流域属珠江流域，二级流域有西江、北江、东江和粤西桂南沿海诸河，三级流域有 6 条，其中北江大坑口以上石漠化面积 35410.44hm²，占石漠化面积的 59.57%；北江大坑口以下石漠化面积 19632.25hm²，占石漠化面积的 33.02%，各流域石漠化土地面积和比例见图 3-2、表 3-2。

表 3-2　石漠化土地按流域统计表

一级流域	二级流域	三级流域	面积 /hm²	比例 /%
珠江流域	合计		59446.66	100
	西江	桂贺江	63.51	0.11
		黔浔江及西江（梧州以下）	557.28	0.94
	北江	北江大坑口以上	35410.44	59.57
		北江大坑口以下	19632.25	33.02
	东江	东江秋香江口以下	1724.23	2.90
	粤西桂南沿海诸河	粤西诸河	2058.95	3.46

（三）各岩溶地貌石漠化土地状况

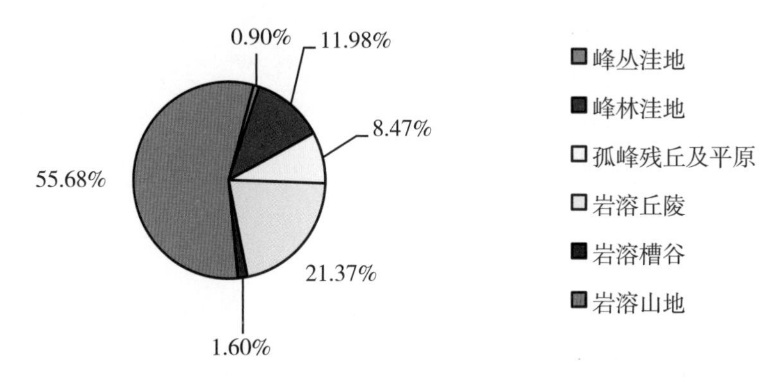

图 3-3　石漠化土地按岩溶地貌统计图

广东省岩溶地区石漠化土地岩溶地貌类型主要有峰丛洼地、峰林洼地、孤峰残丘及平原、岩溶丘陵、岩溶槽谷和岩溶山地，其中岩溶山地面积 33102.24hm²，占石漠化土地总面积的 55.68%，岩溶丘陵 12701.15hm²，占 21.37%，其他各类型的面积和比例见图 3-3、表 3-3。

表 3-3　石漠化土地按岩溶地貌统计表

岩溶地貌	面积 /hm²	比例 /%
合计	59446.66	100
峰丛洼地	534.84	0.90
峰林洼地	7123.15	11.98
孤峰残丘及平原	5033.85	8.47
岩溶丘陵	12701.15	21.37
岩溶槽谷	951.43	1.60
岩溶山地	33102.24	55.68

（四）各土地利用类型石漠化土地状况

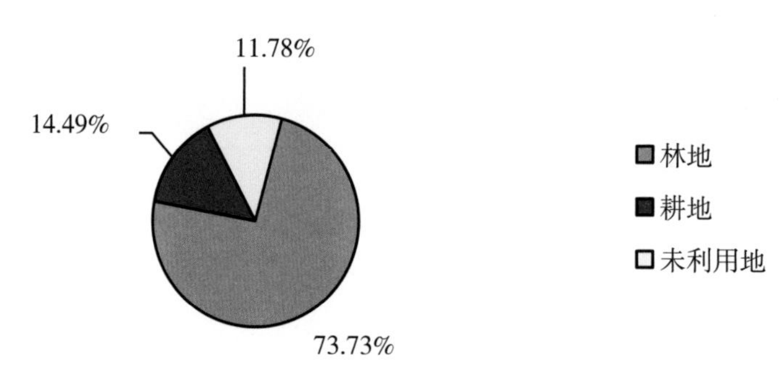

图 3-4　石漠化土地按土地利用类型统计图

表 3-4　石漠化土地按土地利用类型统计表

土地利用类型		面积 /hm²	比例 /%
合计		59446.66	100
林地	小计	43827.91	73.73
	有林地	1037.1	1.74
	疏林地	2676.75	4.50
	灌木林地	23064.7	38.80
	未成林造林地	7706.59	12.96
	苗圃地	0	0.00
	无立木林地	6050.69	10.18
	宜林地	3292.08	5.54
	林业生产辅助用地	0	0
耕地	小计	8613.66	14.49
	水田		
	旱地	8613.66	14.49
	梯土化旱地		
草地	小计		
	天然草地		
	改良草地		
	人工草地		
未利用地		7005.09	11.78
建设用地			
水域			

广东省岩溶地区土地利用类型主要有林地、耕地、水域和建设用地等，而石漠化土

地主要分布在林地、耕地和未利用地，其中林地 43827.91hm^2，占石漠化土地总面积的 73.73%，其他各类型土地面积见图 3-4、表 3-4。

（五）石漠化土地分布特点

广东省岩溶地区石漠化土地主要分布在经济相对落后的粤北、粤西北的韶关、清远、云浮、肇庆、河源、阳江 6 市 21 县（市、区），面积呈相对集中的分散分布。韶关、清远 2 市是广东省石漠化相对集中的区域，其中韶关市 31076.62hm^2，占石漠化土地面积的 52.28%；清远市 22677.09hm^2，占石漠化土地面积的 38.15%，2 市合计占广东省石漠化面积的 90.43%，其他 9.57% 的石漠化面积分布在河源、云浮、肇庆、阳江 4 市。

广东省岩溶地区石漠化程度不高，主要以轻度、中度、重度石漠化为主，极重度面积极少，广东省极重度石漠化面积 730.41hm^2，仅占石漠化面积的 1.23%。

第二节　石漠化程度状况

一、广东省石漠化程度状况

石漠化程度分为轻度石漠化、中度石漠化、重度石漠化、极重度石漠化 4 种类型，其中轻度石漠化面积 13581.65hm^2，占石漠化面积的 22.85%；中度石漠化面积 21686.16hm^2，占石漠化面积的 36.48%；重度石漠化面积 23448.44hm^2，占石漠化面积的 39.44%；极重度石漠面积 730.41hm^2，占石漠化面积的 1.23%；各类型面积见表 3-5。

表 3-5　石漠化土地按石漠化程度统计表

石漠化程度	面积 /hm^2	比例 /%
合计	59446.66	100.00
轻度石漠化	13581.65	22.85
中度石漠化	21686.16	36.48
重度石漠化	23448.44	39.44
极重度石漠化	730.41	1.23

二、各流域石漠化程度状况

广东省石漠化土地主要分布在北江流域，石漠化土地面积 55042.69hm^2，占广东省石漠化面积的 92.59%，其中北江大坑口以上石漠化面积 35410.44hm^2，轻度石漠化面积 13229.09hm^2，占比 37.36%；中度石漠化面积 15565.59hm^2，占比 43.96%；重度石漠化面积 6177.95hm^2，占比 17.45%；北江大坑口以下石漠化面积 19632.25hm^2，中度石漠化面积 5942.64hm^2，占比 30.27%；重度石漠化面积 13032.58hm^2，占比 66.38%。各类型面积见表 3-6。

表 3-6　各流域石漠化程度统计表（单位：hm^2）

流域	合计	轻度石漠化	中度石漠化	重度石漠化	极重度石漠化
桂贺江	63.51			63.51	
北江大坑口以上	35410.44	13229.09	15565.59	6177.95	437.81
北江大坑口以下	19632.25	358.48	5942.64	13032.58	298.55
黔浔江及西江（梧州以下）	557.28		260.73	296.55	
东江秋香江口以下	1724.23		22.71	1701.52	
粤西诸河	2058.95		126.8	1932.15	

三、各岩溶地貌石漠化程度状况

广东省石漠化土地岩溶地貌类型主要有峰丛洼地、峰林洼地、孤峰残丘及平原和岩溶丘陵，其中岩溶山地面积 33102.24hm^2，轻度石漠化面积 8873.16hm^2，占比 26.81%；中度石漠化面积 10286.45hm^2，占比 31.07%；重度石漠化面积 13400.55hm^2，占比 40.48%；岩溶丘陵 12701.15hm^2，轻度石漠化面积 2903.71hm^2，占比 22.86%；中度石漠化面积 4401.48hm^2，占比 34.65%；重度石漠化面积 5289.33hm^2，占比 41.64%；各类型的面积见图 3-5、表 3-7。

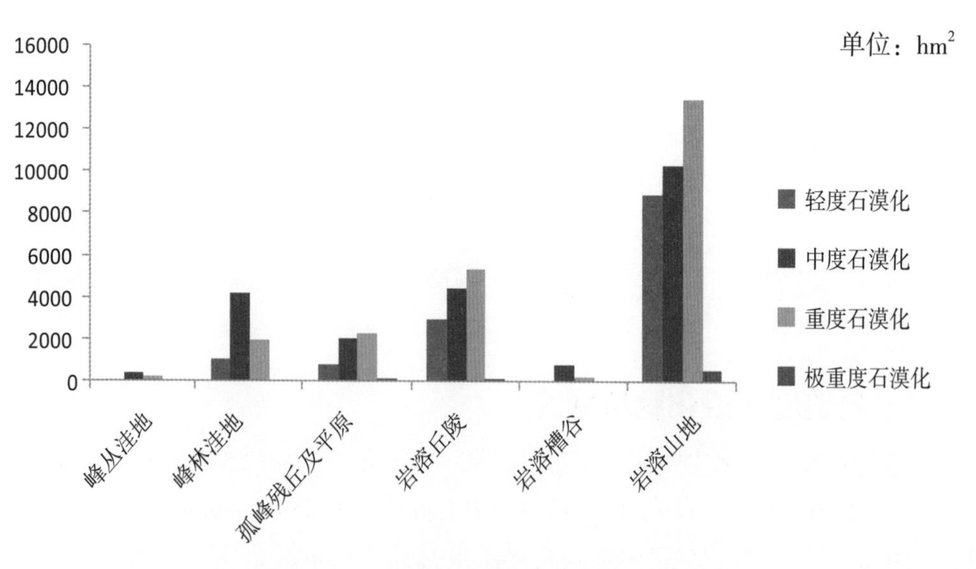

图 3-5　各岩溶地貌石漠化程度统计图

表 3-7　各岩溶地貌石漠化程度统计表（单位：hm^2）

岩溶地貌	合计	轻度石漠化	中度石漠化	重度石漠化	极重度石漠化
峰丛洼地	534.84	17.09	354.63	155.65	7.47
峰林洼地	7123.15	1011.6	4139.33	1943.68	28.54
孤峰残丘及平原	5033.85	757.39	1986.02	2243.29	47.15
岩溶丘陵	12701.15	2903.71	4401.48	5289.33	106.63
岩溶槽谷	951.43	24.62	750.56	171.76	4.49
岩溶山地	33102.24	8873.16	10286.45	13400.55	542.08

四、各土地利用类型石漠化程度状况

广东省石漠化土地主要分布在林地、耕地和未利用地，其中林地 43827.91hm^2，轻度石漠化面积 12291.72hm^2，占比 28.04%；中度石漠化面积 14821.04hm^2，占比 33.82%；重度石漠化面积 16697.96hm^2，占比 38.10%；极重度石漠化面积 17.19hm^2，占比 0.04%。耕地 8613.66hm^2，轻度石漠化面积 1185.09hm^2，占比 13.76%；中度石漠化面积 5419.37hm^2，占比 62.92%；重度石漠化面积 2009.20hm^2，占比 23.32%。未利用地 7005.09hm^2，轻度石漠化面积 104.84hm^2，占比 1.50%；中度石漠化面积 1445.75hm^2，占比 20.64%；重度石漠化面积 4741.28hm^2，占比 67.68%；极重度石漠化面积 713.22hm^2，占比 10.18%；各类型土地面积见图 3-6、表 3-8。

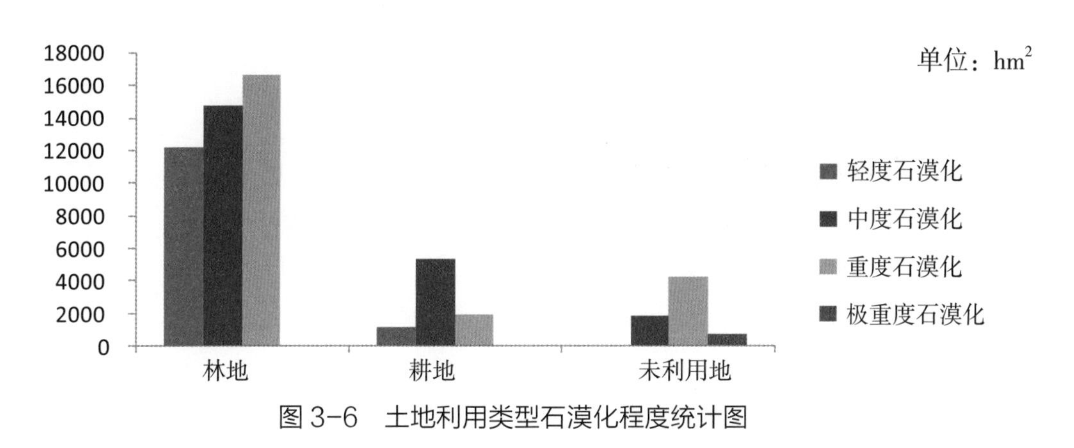

图 3-6　土地利用类型石漠化程度统计图

表 3-8　各土地利用类型石漠化程度统计表（单位：hm^2）

土地利用类型		合计	轻度石漠化	中度石漠化	重度石漠化	极重度石漠化
林地	小计	43827.91	12291.72	14821.04	16697.96	17.19
	有林地	1037.10	307.34	585.75	144.01	
	疏林地	2676.75	2285.60	276.24	114.91	
	灌木林地	23064.7	1586.17	6326.42	15152.11	
	未成林造林地	7706.59	5313.10	1958.13	435.36	
	苗圃地					
	无立木林地	6050.69	2192.33	3064.19	787.67	6.50
	宜林地	3292.08	607.18	2610.31	63.90	10.69
	林业生产辅助用地					
耕地	小计	8613.66	1185.09	5419.37	2009.20	
	水田					
	旱地	8613.66	1185.09	5419.37	2009.2	
	梯土化旱地					
草地	小计					
	天然草地					
	改良草地					
	人工草地					
未利用地		7005.09	104.84	1445.75	4741.28	713.22
建设用地						
水域						

五、石漠化程度的空间分布特点

广东省本次监测石漠化土地面积 59446.66hm^2，其中轻度石漠化面积 13581.65hm^2，占石漠化面积 22.85%；中度石漠化面积 21686.16hm^2，占石漠化面积 36.48%；重度石漠化面积 23448.44hm^2，占石漠化面积 39.44%；极重度石漠化面积 730.41hm^2，占石漠化面积 1.23%。轻度石漠化面积前 3 位的分别是乐昌市 8152.95hm^2、乳源县 3680.50hm^2 和武江区 1075.73hm^2，分别占轻度石漠化面积的 60.03%、27.10% 和 7.92%；中度石漠化面积前 3 位的分别是乐昌市 8326.08hm^2、阳山县 5202.01hm^2 和英德市 4335.13hm^2，分别占中度石漠化面积的 38.39%、23.99% 和 19.99%；重度石漠化面积前 3 位的分别是阳山县 9070.87hm^2、乐昌市 3268.79hm^2 和英德市 2210.06hm^2，分别占重度石漠化面积的

38.68%、13.94% 和 9.43%；极重度石漠化面积前 3 位的分别是乳源县 303.69hm^2、阳山县 278.38hm^2 和英德市 48.34hm^2，分别占极重度石漠化面积的 41.58%、38.11% 和 6.62%，见表 3-9。

表 3-9 石漠化空间分布统计表（单位：hm^2）

调查单位		合计	轻度石漠化	中度石漠化	重度石漠化	极重度石漠化
广东省		59446.66	13581.65	21686.16	23448.44	730.41
韶关市	小计	31076.62	12956.68	11476.03	6240.22	403.69
	武江区	1972.10	1075.73	445.29	435.76	15.32
	曲江区	104.49	47.50		28.45	28.54
	仁化县					
	翁源县	1264.10		366.76	866.96	30.38
	乳源县	7937.14	3680.50	2324.27	1628.68	303.69
	新丰县	25.21		13.63	11.58	
	乐昌市	19773.58	8152.95	8326.08	3268.79	25.76
肇庆市	小计	1279.12			1279.12	
	怀集县	1215.61			1215.61	
	封开县	63.51			63.51	
河源市	小计	1797.60	13.47	82.61	1701.52	
	连平县	1797.60	13.47	82.61	1701.52	
	东源县					
阳江市	小计	2058.95		126.80	1932.15	
	阳春市	2058.95		126.80	1932.15	
清远市	小计	22677.09	611.50	9739.99	11998.88	326.72
	清新区	676.62			676.62	
	阳山县	14791.89	240.63	5202.01	9070.87	278.38
	连南县	237.94	0.21	196.40	41.33	
	英德市	6863.15	269.62	4335.13	2210.06	48.34
	连州市	107.49	101.04	6.45		

续表

调查单位		合计	轻度石漠化	中度石漠化	重度石漠化	极重度石漠化
云浮市	小计	557.28		260.73	296.55	
	云城区	219.21		148.46	70.75	
	云安区	55.71		3.24	52.47	
	新兴县	11.96		11.96		
	罗定市	270.40		97.07	173.33	

六、石漠化土地的植被类型状况

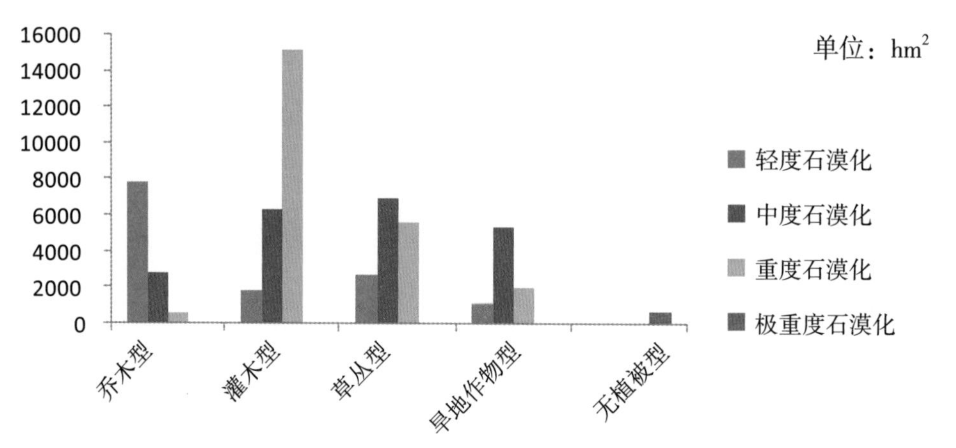

图 3-7　石漠化土地分植被类型统计图

表 3-10　石漠化土地分植被类型统计表（单位：hm^2）

植被类型	合计	轻度石漠化	中度石漠化	重度石漠化	极重度石漠化
乔木型	11297.12	7863.64	2847.94	585.54	
灌木型	23403.26	1815.81	6354.67	15232.78	
草丛型	15360.88	2717.11	7001.40	5594.03	48.34
旱地作物型	8613.66	1185.09	5419.37	2009.2	
无植被型	771.74		62.78	26.89	682.07

植被类型主要有乔木型、灌木型、草丛型、旱地作物型和无植被型，其中乔木型面积 11297.12hm^2，占石漠化土地的 19.00%；灌木型面积 23403.26hm^2，占石漠化土地的 39.37%；草丛型面积 15360.88hm^2，占石漠化土地的 25.84%；旱地作物型面积 8613.66hm^2，占石漠化土地的 14.49%；无植被型面积 771.74hm^2，占石漠化土地的 1.30%；轻度石漠化主要是乔木型，面积 7863.64hm^2，占轻度石漠化的 57.87%；中度

石漠化主要是灌木型、草丛型和旱地作物型，面积分别为6354.67hm^2、7001.10hm^{2}和5419.37hm^2，占中度石漠化的比例分别为29.30%、32.29%和24.99%；重度石漠化主要是灌木型，面积15232.78hm^2，占重度石漠化的64.96%；极重度石漠化主要是无植被型，面积682.07hm^2，占极重度石漠化的93.38%；见表3-10、图3-7。

第三节　潜在的石漠化土地现状

一、广东省潜在石漠化土地状况

广东省潜在石漠化涉及6个地级市21个县（市、区），潜在石漠化土地面积422646.13hm^2，占岩溶土地面积的39.89%。其中清远市潜在石漠化面积298739.05hm^2，占潜在石漠化土地面积的70.68%，韶关市潜在石漠化面积104037.35hm^2，占潜在石漠化土地面积的24.62%，各监测单位潜在石漠化土地面积见图3-8，表3-11。

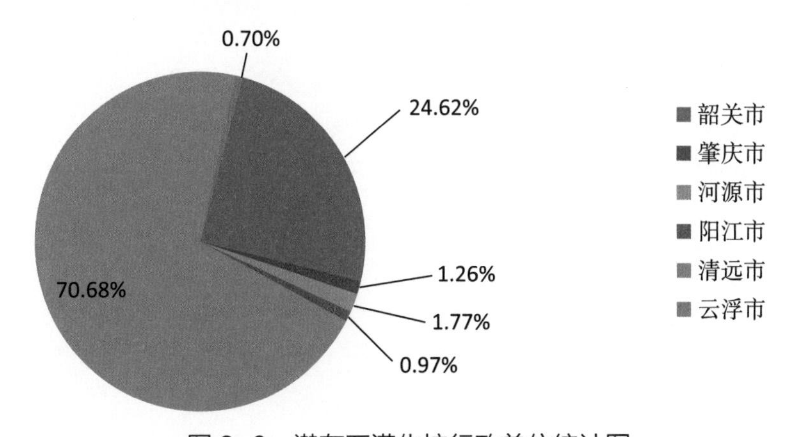

图3-8　潜在石漠化按行政单位统计图

表3-11　石漠化土地按地级市统计表

调查单位		面积/hm^2	比例/%
广东省		422646.13	100
韶关市	小计	104037.35	24.62
	武江区	5245.31	1.24
	曲江区	6533.29	1.55
	仁化县	2490.64	0.59
	翁源县	3848.00	0.91
	乳源县	35435.94	8.38
	新丰县	2202.85	0.52
	乐昌市	48281.32	11.42

续表

调查单位		面积 /hm²	比例 /%
肇庆市	小计	5323.76	1.26
	怀集县	3261.48	0.77
	封开县	2062.28	0.49
河源市	小计	7500.87	1.77
	连平县	7460.34	1.77
	东源县	40.53	0.01
阳江市	小计	4084.38	0.97
	阳春市	4084.38	0.97
清远市	小计	298739.05	70.68
	清新区	21520.55	5.09
	阳山县	118309.00	27.99
	连南县	13380.44	3.17
	英德市	98899.22	23.40
	连州市	46629.84	11.03
云浮市	小计	2960.72	0.70
	云城区	333.69	0.08
	云安区	337.07	0.08
	新兴县	464.10	0.11
	罗定市	1825.86	0.43

二、各流域潜在石漠化土地状况

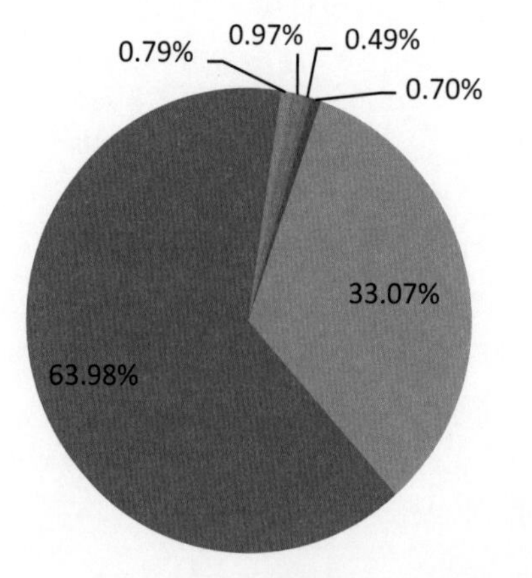

图 3-9　潜在石漠化按流域统计图

广东省岩溶地区一级流域属珠江流域，二级流域有西江、北江、东江和粤西桂南沿海诸河，三级流域有 6 条，其中北江大坑口以上潜在石漠化面积 139767.03hm^2，占潜在石漠化面积的 33.07%；北江大坑口以下石漠化面积 270452.05hm^2，占石漠化面积的 63.98%，各流域石漠化土地面积和比例见图 3-9、表 3-12。

表 3-12　潜在石漠化土地按流域统计表

一级流域	二级流域	三级流域	面积 /hm^2	比例 /%
珠江流域	合计		422646.13	100.0
	西江	桂贺江	2062.28	0.49
		黔浔江及西江（梧州以下）	2960.72	0.70
	北江	北江大坑口以上	139767.03	33.07
		北江大坑口以下	270452.05	63.98
	东江	东江秋香江口以下	3319.67	0.79
	粤西桂南沿海诸河	粤西诸河	4084.38	0.97

三、各岩溶地貌潜在石漠化土地状况

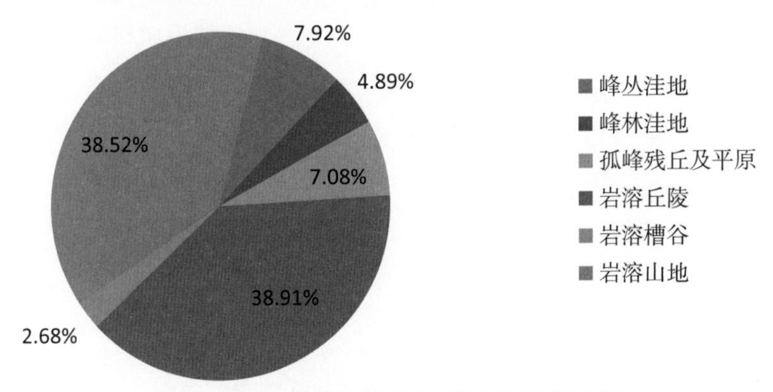

图 3-10　潜在石漠化按岩溶地貌统计图

广东省潜在石漠化土地岩溶地貌类型主要有峰丛洼地、峰林洼地、孤峰残丘及平原、岩溶丘陵、岩溶槽谷和岩溶山地，其中岩溶山地面积 162775.40hm^2，占潜在石漠化土地面积 38.52%，岩溶丘陵面积 164471.98hm^2，占潜在石漠化土地面积 38.91%，各类型面积和比例见图 3-10 、表 3-13。

表 3-13　潜在石漠化土地按岩溶地貌统计表

岩溶地貌	面积 /hm^2	比例 /%
峰丛洼地	33491.89	7.92
峰林洼地	20669.21	4.89

续表

岩溶地貌	面积 /hm²	比例 /%
孤峰残丘及平原	29914.28	7.08
岩溶丘陵	164471.98	38.91
岩溶槽谷	11323.37	2.68
岩溶山地	162775.40	38.52

四、各土地利用类型潜在石漠化土地状况

广东省岩溶地区土地利用类型主要有林地、耕地、草地、水域和建设用地等，潜在石漠化主要有林地、耕地和草地，其中林地 421110.13hm^2，占潜在石漠化土地总面积的 99.64%，各类型面积和比例见图 3-11、表 3-14。

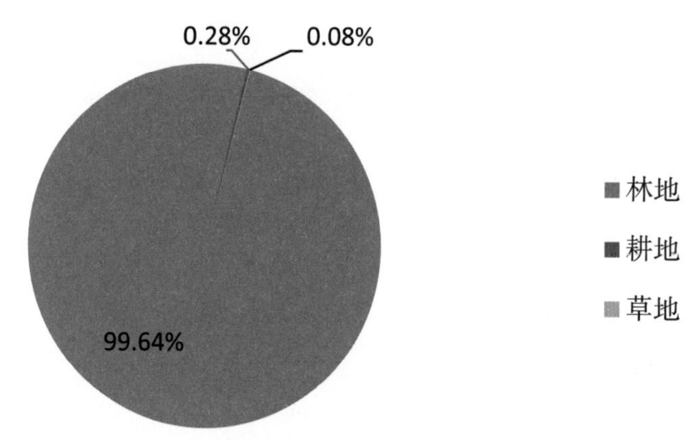

图 3-11　潜在石漠化按土地利用类型统计图

表 3-14　潜在石漠化土地按土地利用类型统计表

土地利用类型		面积 /hm²	比例 /%
合计		422646.13	100
林地	小计	421110.13	99.64
	有林地	122633.77	29.02
	疏林地		
	灌木林地	298476.36	70.62
	未成林造林地		
	苗圃地		
	无立木林地		
	宜林地		
	林业生产辅助用地		

续表

土地利用类型		面积 /hm^2	比例 /%
耕地	小计	1197.91	0.28
	水田		
	旱地		
	梯土化旱地	1197.91	0.28
草地	小计	338.09	0.08
	天然草地	338.09	0.08
	改良草地		
	人工草地		
未利用地			
建设用地			
水域			

第四节　石漠化特点和分布规律

一、石漠化分布广泛又相对集中

广东省的石漠化土地主要分布在经济、文化相对落后的粤北、粤西北的韶关、清远、云浮、肇庆、河源、阳江 6 市 21 县（市、区），面积呈相对集中的分散分布，韶关、清远 2 市是广东省石漠化相对集中的区域，其中韶关市石漠化面积 31076.62hm^2，占全省石漠化面积的 52.28%，集中分布在乐昌市和乳源县。清远市石漠化面积 22677.09hm^2，占 38.15%，集中分布在阳山县和英德市。韶关和清远 2 市合计占广东省石漠化面积的 90.43%，其他 9.57% 的石漠化面积分布在河源、云浮等 4 市，呈零星分布。

二、石漠化程度不高

广东省石漠化总体程度不高，主要以轻度、中度、重度石漠化为主，极重度面积极少，广东省极重度石漠化面积 730.41hm^2，仅占石漠化面积的 1.23%。

三、主要分布在陡峭山地

广东省石漠化土地主要分布在陡峭山地，坡度大于 15° 的石漠化土地面积 54780.00hm^2，占石漠化土地面积的 92.15%；其中斜坡（15°~24°）面积 8756.91hm^2，占石漠化土地面积的 14.43%；陡坡（25°~34°）面积 25091.11hm^2，占石漠化土地面积的 42.21%；急坡（35°~44°）面积 16941.85hm^2，占石漠化土地面积的 28.50%；险坡（>

45°）面积 4170.13hm^2，占石漠化土地面积的 7.01%；从石漠化程度来看，轻度石漠化主要分布在斜坡和陡坡，总面积 10602.71hm^2，占轻度石漠化面积的 78.03%；中度石漠化主要分布在陡坡和急坡，总面积 16306.05hm^2，占中度石漠化面积的 74.39%；重度石漠化主要分布在陡坡和急坡，总面积 17963.34hm^2，占重度石漠化面积的 77.41%。

第四章 石漠化动态变化与原因分析

第一节 石漠化状况动态变化

一、动态监测情况

广东省岩溶地区石漠化土地于2005年、2011年、2016年进行了3次监测，第一次监测主要以基础调查为主，第二次、第三次在前一次的基础上进行动态监测。三次监测期间，岩溶监测区范围保持不变，监测县级行政单位与上期保持一致，乡级行政单位与上期基本保持一致，只是存在部分乡镇拆分与合并的情况。

2005年广东省第一次岩溶地区石漠化监测面积1063134.3hm^2，2011年进行的第二次岩溶地区石漠化监测面积1063060.4hm^2，与第一次相比，监测面积减少73.9hm^2，主要原因是第一次监测时将部分非岩溶区纳入监测范围，在第二次监测时排除了；2016年进行的第三次岩溶地区石漠化监测面积1059636.0hm^2，比第二次监测减少3424.4hm^2，主要原因是第三次监测采用了国家林业局石漠化监测中心提供的最新省级行政界线，部分原由广东省监测的范围转入湖南省监测，导致第三次监测面积比第一次监测少3498.3hm^2，岩溶区监测面积变动率为0.33%。

三次监测中，2005年石漠化土地面积81364.8hm^2，潜在石漠化土地面积404716.6hm^2，非石漠化土地面积577052.9hm^2；2011年石漠化土地63811.0hm^2，潜在石漠化土地面积415003.8hm^2，非石漠化土地面积584245.6hm^2；2016年石漠化土地59446.7hm^2，潜在石漠化土地面积422646.1hm^2，非石漠化土地面积577543.2hm^2。2005~2016年间石漠化、潜在石漠化、非石漠化土地面积变动率分别为-26.94%、4.43%和0.08%；年均变动率分别为-2.45%、0.40%和0.01%。石漠化土地监测结果动态变化见表4-1。

表4-1 石漠化土地监测结果动态变化表

年度	监测面积	石漠化面积	潜在石漠化面积	非石漠化面积
2005年第一次监测/hm^2	1063134.3	81364.8	404716.6	577052.9
2011年第二次监测/hm^2	1063060.4	63811.0	415003.8	584245.6
2016年第三次监测/hm^2	1059636.0	59446.7	422646.1	577543.2
2005~2011年间变动率/%	−0.01	−21.57	2.54	1.25
2011~2016年间变动率/%	−0.32	−6.84	1.84	−1.15
2005~2016年间变动率/%	−0.33	−26.94	4.43	0.08

二、石漠化状况动态变化

（一）2005~2016 年（以下简称总间隔期）石漠化状况动态变化

总间隔期内石模化土地面积减少 21918.1hm^2，变动率 -26.94%；潜在石漠化土地增加 17929.5hm^2，变动率 4.43%；非石漠化土地增加 490.3hm^2，变动率 0.08%。

按市级单位统计，韶关市石漠化土地面积减少 11227.2hm^2，变动率 -26.54%；潜在石漠化土地增加 3020.9hm^2，变动率 2.99%；非石漠化土地增加 4657.8hm^2，变动率 4.21%。

肇庆市石漠化土地面积减少 3350.1hm^2，变动率 -72.37%；潜在石漠化土地增加 3247.7hm^2，变动率 156.43%；非石漠化土地增加 102.8hm^2，变动率 0.56%。

河源市石漠化土地面积增加 86.5hm^2，变动率 5.06%；潜在石漠化土地减少 269.8hm^2，变动率 3.47%；非石漠化土地增加 91.7hm^2，变动率 0.27%。

阳江市石漠化土地面积减少 3629.7hm^2，变动率 -63.81%；潜在石漠化土地增加 3196.1hm^2，变动率 359.80%；非石漠化土地增加 433.9hm^2，变动率 0.61%。

清远市石漠化土地面积减少 3679.3hm^2，变动率 -13.96%；潜在石漠化土地增加 8837.5hm^2，变动率 3.05%；非石漠化土地减少 5017.4hm^2，变动率 -1.66%。

云浮市石漠化土地面积减少 118.4hm^2，变动率 -17.53%；潜在石漠化土地减少 102.9hm^2，变动率 3.36%；非石漠化土地增加 221.6hm^2，变动率 0.55%。

各监测单位 2005~2016 年岩溶土地变化统计见表 4-2。

表 4-2　各监测单位总间隔期内岩溶土地变化统计表

监测单位	石漠化 /hm^2	变动率 /%	潜在石漠化 /hm^2	变动率 /%	非石漠化 /hm^2	变动率 /%
广东省	–21918.1	–26.94	17929.5	4.43	490.3	0.08
韶关市	–11227.2	–26.54	3020.9	2.99	4657.8	4.21
武江区	–2608.5	–56.95	2938.3	127.36	–329.5	–1.13
曲江区	–503.4	–82.81	370.8	6.02	133.2	0.44
仁化县			–137.8	–5.24	138.0	
翁源县	–23.4	–1.82	–118.6	–2.99	140.0	1.24
乳源瑶族自治县	–1021.7	–11.40	–533.9	–1.48	1556.2	4.81
新丰县	–84.9	–77.10	–60.0	–2.65	144.9	7.09
乐昌市	–6985.3	–26.10	562.0	1.18	2874.9	55.45
肇庆市	–3350.1	–72.37	3247.7	156.43	102.8	0.56
怀集县	–3294.2	–73.05	3261.5		32.8	0.24

续表

监测单位	石漠化 /hm²	变动率 /%	潜在石漠化 /hm²	变动率 /%	非石漠化 /hm²	变动率 /%
封开县	–55.9	–46.81	–13.8	–0.67	69.9	1.47
河源市	86.5	5.06	–269.8	–3.47	91.7	0.27
连平县	86.5	5.06	–217.3	–2.83	41.7	0.12
东源县			–52.6	–56.47	49.9	6.30
阳江市	–3629.7	–63.81	3196.1	359.80	433.9	0.61
阳春市	–3629.7	–63.81	3196.1	359.80	433.9	0.61
清远市	–3679.3	–13.96	8837.5	3.05	–5017.4	–1.66
清新区	–481.9	–41.60	–196.3	–0.90	678.1	3.91
阳山县	–1377.6	–8.52	–1059.5	–0.89	2440.0	1.86
连南瑶族自治县	237.9		–109.7	–0.81	–128.1	–2.28
英德市	–2130.3	–23.69	9972.0	11.21	–7839.1	–7.25
连州市	72.5		231.0	0.50	–168.3	–0.42
云浮市	–118.4	–17.53	–102.9	–3.36	221.6	0.55
云城区	–97.2	–30.72	36.8	12.39	60.6	0.65
云安区	–0.2	–0.34	–8.3	–2.41	8.6	0.08
新兴县	12.0		–66.0	–12.45	54.1	0.68
罗定市	–33.0	–10.88	–65.3	–3.45	98.3	0.78

（二）2005~2011 年（以下简称第一监测间隔期）石漠化状况动态变化

第一监测间隔期内，岩溶地区石漠化土地面积减少 17553.8hm²，变动率 -21.57%；潜在石漠化土地增加 10287.2hm²，变动率 2.54%；非石漠化土地增加 7192.7hm²，变动率 1.25%。

按市级单位统计，韶关市石漠化土地面积减少 8308.2hm²，变动率 -19.64%；潜在石漠化土地增加 5786.3hm²，变动率 5.73%；非石漠化土地增加 2518.6hm²，变动率 2.28%。

肇庆市石漠化土地面积减少 3289.8hm²，变动率 -71.07%；潜在石漠化土地增加 3290.0hm²，变动率 158.47%；非石漠化土地增加 0.1hm²，变动率 0。

河源市石漠化土地面积减少 17.1hm²，变动率 1.00%；潜在石漠化土地减少 143.3hm²，变动率 -1.84%；非石漠化土地增加 95.7hm²，变动率 0.28%。

阳江市石漠化土地面积减少 3528.7hm²，变动率 -62.03%；潜在石漠化土地增加 3167.9hm²，变动率 356.63%；非石漠化土地增加 359.6hm²，变动率 0.51%。

清远市石漠化土地面积减少 2341.2hm^2，变动率 -8.88%；潜在石漠化土地减少 1739.6hm^2，变动率 -0.60%；非石漠化土地增加 4076.4hm^2，变动率 1.35%。

云浮市石漠化土地面积减少 68.8hm^2，变动率 -10.18%；潜在石漠化土地减少 74.1hm^2，变动率 -2.42%；非石漠化土地增加 142.3hm^2，变动率 0.35%。

各监测单位 2005~2011 年岩溶土地变化统计见表 4-3。

表 4-3 各监测单位 2005~2011 年岩溶土地变化统计表

监测单位	石漠化 /hm^2	变动率 /%	潜在石漠化 /hm^2	变动率 /%	非石漠化 / hm^2	变动率 /%
广东省	−17553.8	−21.57	10287.2	2.54	7192.7	1.25
韶关市	−8308.2	−19.64	5786.3	5.73	2518.6	2.28
武江区	−1285.1	−28.06	1808.2	78.38	−523.3	−1.80
曲江县	−379.8	−62.48	302.0	4.90	78.3	0.26
仁化县			0.1	0.00		
翁源县	160.4	12.46	−246.7	−6.22	83.8	0.74
乳源瑶族自治县	−2277.7	−25.42	1608.5	4.47	667.6	2.06
新丰县	17.2	15.62	−65.6	−2.90	48.6	2.38
乐昌市	−4543.2	−16.98	2379.8	4.99	2163.6	41.73
肇庆市	−3289.8	−71.07	3290.0	158.47	0.1	0
怀集县	−3281.2	−72.76	3281.3		0.2	0
封开县	−8.6	−7.20	8.7	0.42	−0.1	0
河源市	−17.1	−1.00	−143.3	−1.84	95.7	0.28
连平县	−17.1	−1.00	−129.8	−1.69	84.5	0.25
东源县			−13.5	−14.50	11.2	1.41
阳江市	−3528.7	−62.03	3167.9	356.63	359.6	0.51
阳春市	−3528.7	−62.03	3167.9	356.63	359.6	0.51
清远市	−2341.2	−8.88	−1739.6	−0.60	4076.4	1.35
清新县	−518.3	−44.74	59.4	0.27	458.6	2.64
阳山县	−769.8	−4.76	−1869.3	−1.57	2636.6	2.01
连南瑶族自治县	257.8		−109.5	−0.81	−148.3	−2.64
英德市	−1275.9	−14.19	24.8	0.03	1252.2	1.16
连州市	−35.0		155.0	0.33	−122.7	−0.31

续表

监测单位	石漠化 /hm^2	变动率 /%	潜在石漠化 /hm^2	变动率 /%	非石漠化 / hm^2	变动率 /%
云浮市	-68.8	-10.18	-74.1	-2.42	142.3	0.35
云城区	-43.8	-13.84	2.6	0.88	41.7	0.44
云安县	-0.2	-0.36	2.7	0.78	-2.2	-0.02
新兴县			-54.1	-10.21	53.4	0.67
罗定市	-24.8	-8.17	-25.3	-1.34	49.4	0.39

（三）2011~2016 年（以下简称第二监测间隔期）石漠化状况动态变化

第二监测间隔期内，岩溶地区石漠化土地面积减少 4364.3hm^2，变动率 -6.84%；潜在石漠化土地增加 7642.3hm^2，变动率 1.84%；非石漠化土地减少 6702.4hm^2，变动率 -1.15%。

按市级单位统计，韶关市石漠化土地面积减少 2919.0hm^2，变动率 -8.59%；潜在石漠化土地减少 2765.3hm^2，变动率 -2.59%；非石漠化土地增加 2139.2hm^2，变动率 1.89%。

肇庆市石漠化土地面积减少 60.3hm^2，变动率 -4.50%；潜在石漠化土地减少 42.3hm^2，变动率 -0.79%；非石漠化土地增加 102.7hm^2，变动率 0.55%。

河源市石漠化土地面积增加 103.6hm^2，变动率 6.12%；潜在石漠化土地减少 126.5hm^2，变动率 -1.66%；非石漠化土地减少 4.0hm^2，变动率 0.01%。

阳江市石漠化土地面积减少 101.0hm^2，变动率 -4.67%；潜在石漠化土地增加 28.2hm^2，变动率 0.69%；非石漠化土地增加 74.3hm^2，变动率 0.10%。

清远市石漠化土地面积减少 1338.1hm^2，变动率 -5.57%；潜在石漠化土地增加 10577.2hm^2，变动率 3.67%；非石漠化土地减少 9093.8hm^2，变动率 -2.97%。

云浮市石漠化土地面积减少 49.6hm^2，变动率 -8.18%；潜在石漠化土地减少 28.8hm^2，变动率 -0.96%；非石漠化土地增加 79.3hm^2，变动率 0.20%。

各监测单位 2016~2011 年岩溶土地变化统计见表 4-4。

表 4-4　各监测单位 2016~2011 年岩溶土地变化统计表

监测单位	石漠化 /hm^2	变动率 /%	潜在石漠化 /hm^2	变动率 /%	非石漠化 /hm^2	变动率 /%
广东省	-4364.3	-6.84	7642.3	1.84	-6702.4	-1.15
韶关市	-2919.0	-8.59	-2765.3	-2.59	2139.2	1.89
武江区	-1323.4	-40.16	1130.1	27.46	193.8	0.68
曲江县	-123.6	-54.19	68.8	1.06	54.9	0.18

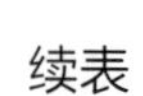

续表

监测单位	石漠化/hm²	变动率/%	潜在石漠化/hm²	变动率/%	非石漠化/hm²	变动率/%
仁化县			−137.9	−5.24	138.0	
翁源县	−183.8	−12.69	128.1	3.44	56.2	0.50
乳源瑶族自治县	1256.0	18.80	−2142.4	−5.70	888.6	2.69
新丰县	−102.1	−80.20	5.7	0.26	96.3	4.61
乐昌市	−2442.1	−10.99	−1817.8	−3.63	711.3	9.68
肇庆市	−60.3	−4.50	−42.3	−0.79	102.7	0.55
怀集县	−13.0	−1.06	−19.8	−0.60	32.6	0.24
封开县	−47.3	−42.68	−22.5	−1.08	70.0	1.47
河源市	103.6	6.12	−126.5	−1.66	−4.0	−0.01
连平县	103.6	6.12	−87.5	−1.16	−42.8	−0.13
东源县			−39.1	−49.08	38.8	4.82
阳江市	−101.0	−4.67	28.2	0.69	74.3	0.10
阳春市	−101.0	−4.67	28.2	0.69	74.3	0.10
清远市	−1338.1	−5.57	10577.2	3.67	−9093.8	−2.97
清新县	36.4	5.69	−255.8	−1.17	219.5	1.23
阳山县	−607.8	−3.95	809.8	0.69	−196.6	−0.15
连南瑶族自治县	−19.9	−7.70	−0.2	0.00	20.2	0.37
英德市	−854.4	−11.07	9947.2	11.18	−9091.3	−8.31
连州市	107.5		76.0	0.16	−45.6	−0.11
云浮市	−49.6	−8.18	−28.8	−0.96	79.3	0.20
云城区	−53.4	−19.59	34.2	11.42	18.9	0.20
云安县	0.0	0.02	−11.0	−3.17	10.8	0.10
新兴县	12.0		−11.9	−2.50	0.7	0.01
罗定市	−8.2	−2.94	−40.0	−2.15	48.9	0.39

三、石漠化程度动态变化

总监测间隔期内，石漠化土地面积减少 21918.1hm²，其中，轻度石漠化土地面积减少 564.9hm²，中度石漠化土地面积减少 8646.3hm²，重度石漠化土地面积减少 12946.3hm²，极重度石漠化土地面积增加 239.3hm²。

按市级单位统计，韶关市石漠化土地面积减少 11227.2hm²，其中，轻度石漠化土地面积减少 814.2hm^2，中度石漠化土地面积减少 6321.9hm^2，重度石漠化土地面积减少 4458.3hm^2，极重度石漠化土地面积增加 367.2hm^2。

肇庆市石漠化土地面积减少 3350.1hm^2，其中，中度石漠化土地面积减少 8.6hm^2，重度石漠化土地面积减少 3341.5hm^2；轻度石漠化土地和极重度石漠化土地面积无变化。

河源市石漠化土地面积增加 86.5hm^2，其中，轻度石漠化土地面积增加 13.5hm^2，中度石漠化土地面积增加 82.6hm^2，重度石漠化土地面积减少 9.6hm^2；极重度石漠化土地面积无变化。

阳江市石漠化土地面积减少 3629.7hm^2，其中，中度石漠化土地面积减少 64.6hm^2，重度石漠化土地面积减少 3565.1hm^2；轻度石漠化土地和极重度石漠化土地面积无变化。

清远市石漠化土地面积减少 3679.3hm^2，其中，轻度石漠化土地面积增加 235.9hm^2，中度石漠化土地面积减少 2349.2hm^2，重度石漠化土地面积减少 1489.1hm^2，极重度石漠化土地面积减少 76.9hm^2。

云浮市石漠化土地面积减少 118.4hm^2，其中，中度石漠化土地面积增加 15.3hm^2，重度石漠化土地面积减少 82.8hm^2，极重度石漠化土地面积减少 51.0hm^2；轻度石漠化土地面积无变化。

各监测单位 2005~2011 年石漠化程度变化统计见表 4-5。

表 4-5　各监测单位 2005~2011 年石漠化程度变化统计表（单位：hm^2）

监测单位	石漠化	轻度石漠化	中度石漠化	重度石漠化	极重度石漠化
广东省	−21918.1	−564.9	−8646.3	−12946.3	239.3
韶关市	−11227.2	−814.2	−6321.9	−4458.3	367.2
武江区	−2608.5	−1720.1	−139.1	−760.7	11.4
曲江区	−503.4	−132.6	−2.0	−388.5	19.6
仁化县					
翁源县	−23.4	−176.7	366.8	−243.8	30.4
乳源瑶族自治县	−1021.7	2654.8	−3390.8	−589.3	303.7
新丰县	−84.9		13.6	−98.5	
乐昌市	−6985.3	−1439.7	−3170.3	−2377.4	2.1
肇庆市	−3350.1		−8.6	−3341.5	
怀集县	−3294.2		0.0	−3294.2	
封开县	−55.9		−8.6	−47.3	
河源市	86.5	13.5	82.6	−9.6	
连平县	86.5	13.5	82.6	−9.6	

续表

监测单位	石漠化	轻度石漠化	中度石漠化	重度石漠化	极重度石漠化
东源县					
阳江市	−3629.7		−64.6	−3565.1	
阳春市	−3629.7		−64.6	−3565.1	
清远市	−3679.3	235.9	−2349.2	−1489.1	−76.9
清新区	−481.9		−551.8	69.9	
阳山县	−1377.6	−100.0	−807.8	−409.0	−60.8
连南瑶族自治县	237.9	0.2	196.4	41.3	0.0
英德市	−2130.3	269.6	−1192.5	−1191.3	−16.1
连州市	72.5	66.0	6.5	0.0	
云浮市	−118.4		15.3	−82.8	−51.0
云城区	−97.2		2.9	−100.1	
云安区	−0.2		−1.7	52.5	−51.0
新兴县	12.0		12.0		
罗定市	−33.0		2.2	−35.2	

（一）第一监测间隔期内石漠化程度动态变化

第一监测间隔期内，石漠化土地面积减少 17553.8hm^2，其中，轻度石漠化土地面积减少 1310.2hm^2，中度石漠化土地面积减少 5301.6hm^2，重度石漠化土地面积减少 11004.7hm^2，极重度石漠化土地面积增加 62.7hm^2。

按市级单位统计，韶关市石漠化土地面积减少 8308.2hm^2，其中，轻度石漠化土地面积减少 1241.3hm^2，中度石漠化土地面积减少 3568.3hm^2，重度石漠化土地面积减少 3560.0hm^2，极重度石漠化土地面积增加 61.4hm^2。

肇庆市石漠化土地面积减少 3289.8hm^2，其中，中度石漠化土地面积减少 8.6hm^2，重度石漠化土地面积减少 3281.2hm^2；轻度石漠化土地和极重度石漠化土地面积无变化。

河源市石漠化土地面积减少 17.1hm^2，其中，重度石漠化土地面积减少 17.1hm^2；轻度石漠化土地、中度石漠化土地和极重度石漠化土地面积无变化。

阳江市石漠化土地面积减少 3528.7hm^2，其中，中度石漠化土地面积减少 61.3hm^2，重度石漠化土地面积减少 3467.4hm^2；轻度石漠化土地和极重度石漠化土地面积无变化。

清远市石漠化土地面积减少 2341.2hm^2，其中，轻度石漠化土地面积增加 68.9hm^2，中度石漠化土地面积减少 1670.5hm^2，重度石漠化土地面积减少 654.1hm^2，极重度石漠化土地面积增加 52.3hm^2。

云浮市石漠化土地面积减少 68.8hm²，其中，中度石漠化土地面积增加 7.1hm²，重度石漠化土地面积减少 24.9hm²，极重度石漠化土地面积减少 51.0hm²；轻度石漠化土地面积无变化。

各监测单位 2005~2011 年石漠化程度变化统计见表 4-6。

表 4-6　各监测单位 2005~2011 年石漠化程度变化统计表（单位：hm²）

监测单位	石漠化	轻度石漠化	中度石漠化	重度石漠化	极重度石漠化
广东省	−17553.8	−1310.2	−5301.6	−11004.7	62.7
韶关市	−8308.2	−1241.3	−3568.3	−3560.0	61.4
武江区	−1285.1	−587.5	30.1	−723.8	−3.9
曲江县	−379.8	−0.4	−2.0	−404.7	27.3
仁化县					
翁源县	160.4	−151.4	272.4	3.5	35.9
乳源瑶族自治县	−2277.7	713.5	−1962.3	−1028.9	
新丰县	17.2	0.0	0.0	17.2	
乐昌市	−4543.2	−1215.5	−1906.5	−1423.3	2.1
肇庆市	−3289.8		−8.6	−3281.2	
怀集县	−3281.2			−3281.2	
封开县	−8.6		−8.6		
河源市	−17.1			−17.1	
连平县	−17.1			−17.1	
东源县					
阳江市	−3528.7		−61.3	−3467.4	
阳春市	−3528.7		−61.3	−3467.4	
清远市	−2341.2	−68.9	−1670.5	−654.1	52.3
清新县	−518.3		−551.8	33.5	
阳山县	−769.8	−53.9	−1143.4	357.1	70.4
连南瑶族自治县	257.8	20.0	196.5	41.3	0.0
英德市	−1275.9		−171.8	−1086.0	−18.1
连州市					

续表

监测单位	石漠化	轻度石漠化	中度石漠化	重度石漠化	极重度石漠化
云浮市	−68.8		7.1	−24.9	−51.0
云城区	−43.8		5.1	−48.9	
云安县	−0.2		−1.7	52.5	−51.0
新兴县					
罗定市	−24.8		3.7	−28.5	

（二）第二监测间隔期内石漠化程度动态变化

第二监测间隔期内，石漠化土地面积减少 4364.3hm^2，其中，轻度石漠化土地面积增加 745.4hm^2，中度石漠化土地面积减少 3344.7hm^2，重度石漠化土地面积减少 1941.6hm^2，极重度石漠化土地面积增加 176.6hm^2。

按市级单位统计，韶关市石漠化土地面积减少 2919.0hm^2，其中，轻度石漠化土地面积增加 427.1hm^2，中度石漠化土地面积减少 2753.6hm^2，重度石漠化土地面积减少 898.3hm^2，极重度石漠化土地面积增加 305.8hm^2。

肇庆市石漠化土地面积减少 60.3hm^2，其中，重度石漠化土地面积减少 60.3hm^2；轻度石漠化土地、中度石漠化土地和极重度石漠化土地面积无变化。

河源市石漠化土地面积增加 103.6hm^2，其中，轻度石漠化土地面积增加 13.5hm^2，中度石漠化土地面积增加 82.6hm^2，重度石漠化土地面积增加 7.5hm^2；极重度石漠化土地面积无变化。

阳江市石漠化土地面积减少 101.0hm^2，其中，中度石漠化土地面积减少 3.3hm^2，重度石漠化土地面积减少 97.7hm^2；轻度石漠化土地和极重度石漠化土地面积无变化。

清远市石漠化土地面积减少 1338.1hm^2，其中，轻度石漠化土地面积增加 304.8hm^2，中度石漠化土地面积减少 678.7hm^2，重度石漠化土地面积减少 835.0hm^2，极重度石漠化土地面积减少 129.2hm^2。

云浮市石漠化土地面积减少 49.6hm^2，其中，中度石漠化土地面积增加 8.2hm^2，重度石漠化土地面积减少 57.9hm^2；轻度石漠化土地和极重度石漠化土地面积无变化。

各监测单位 2011~2016 年石漠化程度变化统计见表 4-7。

表 4-7 各监测单位 2011~2016 年石漠化程度变化统计表（单位：hm²）

监测单位	石漠化	轻度石漠化	中度石漠化	重度石漠化	极重度石漠化
广东省	–4364.3	745.4	–3344.7	–1941.6	176.6
韶关市	–2919.0	427.1	–2753.6	–898.3	305.8
武江区	–1323.4	–1132.6	–169.2	–36.9	15.3
曲江县	–123.6	–132.2		16.3	–7.7
仁化县					
翁源县	–183.8	–25.3	94.4	–247.3	–5.5
乳源瑶族自治县	1256.0	1941.3	–1428.5	439.6	303.7
新丰县	–102.1	0.0	13.6	–115.7	
乐昌市	–2442.1	–224.2	–1263.8	–954.1	
肇庆市	–60.3	0.0	0.0	–60.3	0
怀集县	–13.0	0.0	0.0	–13.0	
封开县	–47.3	0.0	0.0	–47.3	
河源市	103.6	13.5	82.6	7.5	0
连平县	103.6	13.5	82.6	7.5	
东源县					
阳江市	–101.0	0.0	–3.3	–97.7	0
阳春市	–101.0	0.0	–3.3	–97.7	
清远市	–1338.1	304.8	–678.7	–835.0	–129.2
清新县	36.4	0.0	0.0	36.4	
阳山县	–607.8	–46.1	335.6	–766.1	–131.2
连南瑶族自治县	–19.9	–19.8	–0.1	0.0	
英德市	–854.4	269.6	–1020.7	–105.3	2.0
连州市	107.5	101.0	6.5	0.0	
云浮市	–49.6		8.2	–57.9	0
云城区	–53.4		–2.2	–51.2	
云安县					
新兴县	12.0		12.0		
罗定市	–8.2		–1.5	–6.7	

四、植被类型、植被综合盖度变化情况

（一）岩溶区植被类型变化情况

总监测间隔期内，岩溶区植被类型从简单植被群落结构向完整植被群落结构演变的趋势。乔木型岩溶土地面积增加 46442.6hm²，灌木型岩溶土地面积减少 50338.9hm²，草丛型岩溶土地面积减少 10452.0hm²，无植被型岩溶土地面积增加 2744.0hm²。各监测单位岩溶土地植被类型动态变化统计见表 4-8。

表 4-8　各监测单位岩溶土地植被类型动态变化统计表（单位：hm²）

监测单位	乔木型	灌木型	草丛型	旱地作物型	无植被型
广东省	46442.6	-50338.9	-10452.0	19749.7	2744.0
韶关市	25211.9	-19387.5	-8029.7	-1142.0	618.6
武江区	2734.7	-864.7	-2277.6	-1.2	15.3
曲江县	1025.9	-1183.0	-164.0	13.7	22.8
仁化县	347.0	2.0			
翁源县	955.1	-844.4	-416.1	629.5	30.4
乳源县	8524.7	-3610.6	-6695.0	548.1	524.4
新丰县	724.6	-771.5	-98.5	40.4	0.0
乐昌市	10899.9	-12115.3	1621.4	-2372.4	25.8
肇庆市	-35.1	-185.8	8.4	3235.6	24.8
怀集县	-23.8	-101.4	8.4	3250.1	8.1
封开县	-11.4	-84.4		-14.5	16.7
河源市	757.6	-952.9		52.6	
连平县	743.4	-884.6		52.6	
东源县	14.2	-68.3			
阳江市	440.6	1817.9		91.4	
阳春市	440.6	1817.9		91.4	
清远市	19866.1	-30860.7	-2470.8	17374.8	2083.1
清新县	901.7	-2340.2	-337.7	1175.6	-0.1
阳山县	8262.4	-13678.8	-1063.2	3391.9	1398.4
连南瑶族自治县	411.6	-683.2	-1.0	142.9	3.3
英德市	2375.7	-5283.5	-1105.5	10641.9	681.4

续表

监测单位	乔木型	灌木型	草丛型	旱地作物型	无植被型
连州市	7914.8	-8874.9	36.5	2022.5	
云浮市	201.7	-769.9	40.2	137.3	17.5
云城区	1.0	-159.8	6.9	0.6	
云安县	-27.3	-84.6	51.0	132.3	
新兴县	236.4	-317.9		-0.2	
罗定市	-8.5	-207.7	-17.7	4.6	17.5

1. 石漠化土地植被类型变化情况

总监测间隔期（2005~2016 年）内，石漠化土地植被类型从简单植被群落结构向完整植被群落结构演变的趋势。乔木型石漠化土地面积增加 8618.3hm^2，灌木型石漠化土地面积减少 16568.9hm^2，草丛型石漠化土地面积减少 9536.0hm^2，无植被型石漠化土地面积增加 1805.7hm^2。各监测单位岩溶土地植被类型动态变化统计见表 4-9。

表 4-9　各监测单位岩溶土地植被类型动态变化统计表（单位：hm^2）

监测单位	乔木型	灌木型	草丛型	旱地作物型	无植被型
广东省	8618.3	-16568.9	-9536.0	-3549.9	1805.7
韶关市	7582.0	-7905.2	-7309.3	-4013.6	476.0
武江区	67.6	-432.8	-2283.9	17.6	15.3
曲江县	47.5	-415.9	-164.0		28.5
仁化县					
翁源县	136.2	226.0	-416.1		30.4
乳源县	4320.8	362.5	-6104.9		376.0
新丰县	13.6		-98.5		0.0
乐昌市	2996.3	-7645.0	1758.1	-4031.2	25.8
肇庆市		-3379.3			
怀集县		-3322.6			
封开县		-56.7			
河源市	96.1	-14.3	62.1		
连平县	96.1	-14.3	62.1		
东源县					
阳江市		-933.5			

续表

监测单位	乔木型	灌木型	草丛型	旱地作物型	无植被型
阳春市		-933.5			
清远市	928.2	-4149.2	-2341.3	463.8	1329.7
清新县		-202.0	-327.2	42.8	
阳山县	281.8	-2211.3	-953.2	112.7	1329.7
连南瑶族自治县		0.2		237.7	
英德市	646.4	-1808.4	-1060.8	70.6	
连州市	0.0	72.3			
云浮市	12.0	-187.3	52.5		
云城区		-99.2			
云安县		-53.1	52.5		
新兴县	12.0				
罗定市		-35.0			

2. 潜在石漠化土地植被类型变化情况

总监测间隔期内，潜在石漠化土地植被类型从简单植被群落结构向完整植被群落结构演变的趋势。乔木型潜在石漠化土地面积增加 42190.3hm^2，灌木型潜在石漠化土地面积减少 21774.9hm^2，草丛型潜在石漠化土地面积减少 163.3hm^2，无植被型潜在石漠化土地面积无变化。各监测单位岩溶土地植被类型动态变化统计见表 4-10。

表 4-10　各监测单位潜在石漠化土地植被类型动态变化统计表（单位：hm^2）

监测单位	乔木型	灌木型	草丛型	旱地作物型	无植被型
广东省	42190.3	-21774.9	-163.3	673.3	
韶关市	17767.9	-10627.5	-501.4	341.2	
武江区	3129.6	-195.1			
曲江县	1081.2	-719.4			
仁化县	347.0	2.0			
翁源县	792.9	-910.8			
乳源县	4012.6	-3845.8	-501.4	-295.8	
新丰县	711.1	-771.5			
乐昌市	7693.4	-4187.0		637.0	
肇庆市	37.8	3196.0			

续表

监测单位	乔木型	灌木型	草丛型	旱地作物型	无植被型
怀集县	37.8	3223.7			
封开县		-27.6			
河源市	667.1	-924.1			
连平县	653.0	-857.5			
东源县	14.2	-66.5			
阳江市	216.3	2973.7			
阳春市	216.3	2973.7			
清远市	23200.3	-15968.5	338.1	332.1	
清新县	786.4	-1612.6		545.6	
阳山县	8597.8	-10031.5		-101.4	
连南瑶族自治县	458.4	-525.8		-112.1	
英德市	5261.1	4536.4			
连州市	8096.5	-8335.0	338.1		
云浮市	300.9	-424.5			
云城区	38.4	-3.5			
云安县		-10.5			
新兴县	242.2	-311.6			
罗定市	20.3	-99.0			

（二）植被综合盖度变化情况

监测间隔期内，岩溶地区植被综合盖度大幅提高，平均植被综合盖度由 2005 年的 22.7% 上升到 2016 年的 39.2%，监测期内提高了 16.5 个百分点，年均提高 1.5 个百分点。各监测单位植被综合盖度变化情况见表 4-11。

表 4-11　各监测单位植被综合盖度变化情况表（单位：%）

监测单位	2005 年	2016 年	2016 年与 2005 年比较	年均变化
广东省	22.7	39.2	16.5	1.5
韶关市	25.1	38.6	13.5	1.2
武江区	26.3	32.6	6.3	0.6
曲江县	31.2	45.7	14.5	1.3
仁化县	40.0	45.9	5.9	0.5

续表

监测单位	2005 年	2016 年	2016 年与 2005 年比较	年均变化
翁源县	20.0	44.3	24.3	2.2
乳源县	28.8	40.4	11.5	1.0
新丰县	36.1	41.5	5.4	0.5
乐昌市	31.5	34.4	2.9	0.3
肇庆市	25.8	47.6	21.8	2.0
怀集县	26.0	53.9	27.9	2.5
封开县	23.5	31.1	7.6	0.7
河源市	35.6	65.8	30.2	2.7
连平县	33.5	65.8	32.3	2.9
东源县	42.2	63.5	21.3	1.9
阳江市	25.8	28.8	3.0	0.3
阳春市	25.8	28.8	3.0	0.3
清远市	26.9	39.4	12.5	1.1
清新县	35.8	43.7	8.0	0.7
阳山县	26.9	43.5	16.5	1.5
连南瑶族自治县	43.5	46.5	2.9	0.3
英德市	21.2	33.1	12.0	1.1
连州市	32.6	38.3	5.7	0.5
云浮市	25.0	26.0	1.0	0.1
云城区	31.5	34.2	2.7	0.2
云安县	20.5	21.9	1.4	0.1
新兴县	21.2	22.5	1.3	0.1
罗定市	24.5	25.3	0.8	0.1

第二节　石漠化耕地动态变化

一、第一次监测石漠化耕地状况

根据 2005 年第一次监测数据，岩溶地区耕地面积 214493.6hm^2。其中，石漠化耕地面积 12369.2hm^2，占岩溶地区耕地面积 5.8%；潜在石漠化耕地面积 522.7hm^2，占岩溶地区耕地面积 0.2%；非石漠化耕地面积 201601.7hm²，占岩溶地区耕地面积 94.0%。

石漠化耕地中，轻度石漠化耕地面积 2305.4hm²，占石漠化耕地面积 18.6%；中度石漠化耕地面积 6432.1hm²，占石漠化耕地面积 52.0%；重度石漠化耕地面积 3631.7hm²，占石漠化耕地面积 29.4%。各监测单位 2005 年第一次石漠化监测耕地石漠化统计见表 4-12。

表 4-12 各监测单位 2005 年第一次石漠化监测耕地石漠化统计表（单位：hm²）

监测单位	合计	石漠化				潜在石漠化	非石漠化
		小计	轻度	中度	重度		
广东省	214493.6	12369.2	2305.4	6432.1	3631.7	522.7	201601.7
韶关市	44017.7	12369.2	2305.4	6432.1	3631.7	310.2	31338.3
武江区	7147.5						7147.5
曲江县	8351.3						8351.3
仁化县							
翁源县	2467.1						2467.1
乳源县	7724.4					294.9	7429.5
新丰县	1319.1						1319.1
乐昌市	17008.3	12369.2	2305.4	6432.1	3631.7	15.3	4623.8
肇庆市	6610.5						6610.5
怀集县	3772.5						3772.5
封开县	2838.0						2838.0
河源市	3084.2						3084.2
连平县	3030.1						3030.1
东源县	54.1						54.1
阳江市	20255.2						20255.2
阳春市	20255.2						20255.2
清远市	121429.9					212.5	121217.4
清新县	26895.7					101.0	26794.7
阳山县	4340.5					111.5	4229.0
连南瑶族自治县	10910.1						10910.1
英德市	54801.1						54801.1

续表

监测单位	合计	石漠化				潜在石漠化	非石漠化
		小计	轻度	中度	重度		
连州市	24482.5						24482.5
云浮市	19096.1						19096.1
云城区	2399.2						2399.2
云安县	5107.6						5107.6
新兴县	3998.5						3998.5
罗定市	7590.8						7590.8

二、第三次监测石漠化耕地状况

根据2016年第三次监测数据，岩溶地区耕地面积210912.2hm^2。其中，石漠化耕地面积8613.7hm^2，占岩溶地区耕地面积4.1%；潜在石漠化耕地面积1197.9hm^2，占岩溶地区耕地面积0.6%；非石漠化耕地面积201100.7hm^2，占岩溶地区耕地面积95.3%。

石漠化耕地中，轻度石漠化耕地面积1185.1hm^2，占石漠化耕地面积13.8%；中度石漠化耕地面积5419.4hm^2，占石漠化耕地面积62.9%；重度石漠化耕地面积2009.2hm^2，占石漠化耕地面积23.3%。各监测单位2016年第一次石漠化监测耕地石漠化统计见表4-13。

表4-13 各监测单位第三次石漠化监测耕地石漠化统计表（单位：hm^2）

监测单位	合计	石漠化				潜在石漠化	非石漠化
		小计	轻度	中度	重度		
广东省	210912.2	8613.7	1185.1	5419.4	2009.2	1197.9	201100.7
韶关市	40394.7	8149.9	1185.1	5089.7	1875.1	652.3	31592.4
武江区	4818.0	17.6		17.6			4800.4
曲江县	6431.2						6431.2
仁化县							
翁源县	3599.8						3599.8
乳源县	10322.9						10322.9
新丰县	1078.4						1078.4
乐昌市	14144.5	8132.3	1185.1	5072.1	1875.1	652.3	5359.9

续表

监测单位	合计	石漠化				潜在石漠化	非石漠化
		小计	轻度	中度	重度		
肇庆市	6055.2						6055.2
怀集县	3501.6						3501.6
封开县	2553.7						2553.7
河源市	3060.9						3060.9
连平县	3005.1						3005.1
东源县	55.7						55.7
阳江市	25287.1						25287.1
阳春市	25287.1						25287.1
清远市	120956.8	463.8		329.7	134.1	545.6	119947.5
清新县	11030.4	42.8			42.8	545.6	10442.1
阳山县	36139.1	112.7		112.7			36026.4
连南瑶族自治县	3695.3	237.7		196.4	41.3		3457.5
英德市	50686.4	70.6		20.6	50.0		50615.8
连州市	19405.7						19405.7
云浮市	15157.5						15157.5
云城区	861.4						861.4
云安县	3759.5						3759.5
新兴县	3813.1						3813.1
罗定市	6723.5						6723.5

三、总监测期石漠化耕地动态变化

总监测间隔期内，岩溶地区耕地面积减少了 3581.4hm^2，其中石漠化耕地面积减少 3755.5hm^2；潜在石漠化耕地面积增加 675.2hm^2；非石漠化耕地面积减少 501.0hm^2。

石漠化耕地中，轻度石漠化耕地面积减少了 1120.3hm^2；中度石漠化耕地面积减少了 1012.7hm^2；重度石漠化耕地面积减少了 1622.5hm^2。各监测单位总监测间隔期内耕地动态变化见表 4-14。

表 4-14　各监测单位总监测间隔期内耕地动态变化统计表（单位：hm^2）

监测单位	合计	石漠化				潜在石漠化	非石漠化
		小计	轻度	中度	重度		
广东省	-3581.4	-3755.5	-1120.3	-1012.7	-1622.5	675.2	-501.0
韶关市	-3623.0	-4219.3	-1120.3	-1342.4	-1756.6	342.1	254.1
武江区	-2329.5	17.6		17.6			-2347.1
曲江县	-1920.1						-1920.1
仁化县							
翁源县	1132.7						1132.7
乳源县	2598.5					-294.9	2893.4
新丰县	-240.8						-240.8
乐昌市	-2863.8	-4236.9	-1120.3	-1360.0	-1756.6	637.0	736.1
肇庆市	-555.3						-555.3
怀集县	-270.9						-270.9
封开县	-284.4						-284.4
河源市	-23.3						-23.3
连平县	-25.0						-25.0
东源县	1.6						1.6
阳江市	5031.9						5031.9
阳春市	5031.9						5031.9
清远市	-473.1	463.8		329.7	134.1	333.1	-1269.9
清新县	-15865.3	42.8			42.8	444.6	-16352.7
阳山县	31798.6	112.7		112.7		-111.5	31797.4
连南瑶族自治县	-7214.9	237.7		196.4	41.3		-7452.6
英德市	-4114.7	70.6		20.6	50.0		-4185.3
连州市	-5076.8						-5076.8
云浮市	-3938.6						-3938.6
云城区	-1537.8						-1537.8
云安县	-1348.1						-1348.1
新兴县	-185.4						-185.4
罗定市	-867.3						-867.3

第三节　石漠化演变状况

总间隔期可比范围内，顺向演变类面积总计为48112.9hm^2，占石漠化演变类型面积4.54%；稳定类面积996126.4hm^2，占石漠化演变类型面积94.01%；逆向演变类面积15396.8hm^2，占石漠化演变类型面积1.45%。顺向演变类比逆向演变类面积多32716.1hm^2，表明监测间隔期内石漠化土地面积在减少、石漠化程度在降低，岩溶土地石漠化状况朝顺向方向演变，石漠化防治取得了阶段性成果。各监测市监测期内石漠化演变状况见表4-15。

表4-15　各监测市总间隔期内石漠化演变状况表

监测单位	合计/hm^2	顺向演变类/hm^2	占比/%	稳定类/hm^2	占比/%	逆向演变类/hm^2	占比/%
广东省	1059636.0	48112.9	4.54	996126.4	94.01	15396.8	1.45
韶关市	250294.0	24565.6	9.81	220508.1	88.10	5220.3	2.09
肇庆市	25212.6	3393.9	13.46	21814.6	86.52	4.1	0.02
河源市	43597.5	220.1	0.50	43315.9	99.35	61.5	0.14
阳江市	77665.1	3864.0	4.98	73790.7	95.01	10.4	0.01
清远市	618840.0	15601.2	2.52	593138.3	95.85	10100.5	1.63
云浮市	44026.9	468.1	1.06	43558.8	98.94	0	0

第四节　石漠化动态变化原因分析

石漠化变化原因除前期误判和技术因素外分两类，分别是顺向变化原因和逆向变化原因，根据监测结果，广东省顺向变化原因有治理因素、工程建设和自然修复、农村能源结构的调整和农村人口转移；逆向变化原因有人为因素和灾害性气候。

一、顺向变化原因

（一）治理因素

治理因素具体细分为封山管护（育林）、人工造林、弃耕、坡改梯和小型水利水保工程。

1. 封山管护（育林）

图4-1　封山管护

对天然下种或具有萌蘗能力的疏林地、宜林地、灌丛实施封禁，保护植物的自然繁殖生长，并辅以人工促进或造林措施，促使恢复形成森林或灌草植被；以及对低质、低效有林地和灌木林地进行封禁，并辅以人工改造措施，以提高森林质量的一项技术措施。封山管护（育林）是石漠化治理投资较低、效果较好的有效治理方式。广东省石漠化地区大部分林地都纳入了省级或以上生态公益林，获取生态公益林专项财政补偿，实行封山管护（育林），广东省石漠化地区封山管护（育林）面积 525725.7hm^2，占石漠化治理面积的 93.1%。

2. 人工造林

采用人工的方法利用苗木、种子或营养器官的造林，广东省石漠化地区人工造林选择在基岩裸露度 30%~50% 的轻度及中度石漠化区域进行人工造林。人工造林选择适宜当地生长的乡土阔叶树种，主要有任豆、香椿、山葡萄、马尾松等。石漠化地区人工造林成本相对较高且成活率不高。广东省石漠化治理人工造林面积 15020.3hm^2，占石漠化治理面积的 2.7%。

图 4-2　人工造林

3. 弃耕

土地具备耕种条件，但是承包经营耕地的单位或个人放弃耕种。近年广东省实行生态移民工程及劳动力转移，致使部分高寒山区的耕地无人耕种，自然生长地带性灌木和杂草。

图 4-3　弃耕还林

4. 坡改梯

对坡度在 5°~25° 的中低产坡地，因地制宜，通过修筑水平梯田、治理坡面水系与地力培肥等工程措施，使地貌呈阶梯型，降低基岩裸露度，以防止水土流失的活动。坡改梯工程量大，工期长，投资大。广东省监测期内坡改梯工程 1363.1hm^2。

图 4-4　坡改梯

5. 小型水利水保工程

主要指在石漠化地区修建的小型引水渠和田头蓄水池等。小型水利水保工程投资大，但效果明显。广东省石漠化地区修建了“田头蓄水池”等小型蓄水工程 175 万个，增加蓄水 440 万 m^3，基本解决了韶关、清远 2 市共 171 万人的饮用水

图 4-5　小型水利水保工程

困难和 107 万亩 * 保命田灌溉问题。

（二）工程建设

近几年粤北山区经济快速发展，征占了大量石漠化山地修建厂房等，且由于人口增长，人们生活水平提高，为了改善居住环境也征占了部分山地修建楼房。

（三）自然修复

自然修复主要是依靠植物（如乔、灌、草等植物）自身的恢复功能，按照植物的地带性分布规律，结合区域的自然条件，使林草植被自然地生长起来，达到恢复植被，重建生态系统，提升生态环境，改善岩溶地区石漠化状况。

实施自然修复离不开自然因素和人为因素。如果只注重自然条件，而没有人为地去促使生态系统修复，或不利用相关法律、法规制去制止人们进行有碍生态自然修复的生产、开发建设等活动；或者人们在各方面都作了努力，但自然条件不具备，都不可能实现生态自然修复的目标。

广东省监测区年降雨量 1200~2000mm，雨量非常丰沛，有效积温高，非常适合植物生长。加上生态公益林保护工程的实施，岩溶地区的樵采行为大幅减少，大大促进了植被盖度的提高。

（四）农村能源结构的调整

农村能源结构和能源利用方式很大程度上影响着农村环境面貌及周边生态环境质量。以前，由于农村的经济水平较低，农村利用的能源类型主要以柴薪为主；随着社会经济的发展，农村居民收入水平不断提高，为村民对于新能源的使用提供了一定的物质保障。在当前社会主义新农村建设提升农村面貌的契机下，在部分岩溶山区，传统的燃烧秸秆、柴薪的能源利用方式越来越少，多数改用电能、液化气、沼气、太阳能等，使得岩溶地区人民不再上山樵采，侧面提升了植被覆盖度，改善了岩溶地区石漠化状况。

（五）农村人口转移

岩溶地区由于缺乏成土母岩，地表土壤不多，宜耕作土地极少，生产生活用水极度缺乏，因水、土皆缺而形成恶劣的自然环境，土地生产潜力和人口承载力极低。岩溶山区的土地人口承载力一般约为 120 人 /km^2，目前广东岩溶山区的人口平均密度已经达 210 人 /km^2，人口密度较高。

各级政府十分关心这类山区的生产和人民生活，在物力和财力方面给予较大支持。据不完全统计，仅为解决纯石灰岩山区群众的饮用水问题，人均花费的国家投资已达 4

* 注：1 亩≈ 666.67m^2（下同）。

万 ~5 万元，然而由于特殊的自然环境，成效并不显著。为彻底解决岩溶地区特贫困问题，清远、韶关各级政府下定决心，采取搬迁扶贫、劳务输出等措施转移监测区农村人口，引导当地居民逐步离开水源困难的区域。监测区农村人口的转移对缓解岩溶地区生态压力，促进生态环境发展，改善岩溶状况起到了极大的作用。

二、逆向变化原因

（一）人为因素

人为因素主要表现在过度樵采、火烧、工矿工程建设、不适当经营方式和其他人为因素 5 个方面。

1. 过度樵采

在广东省经济高速发展过程中，经济建设需要大量木材生产支持，岩溶地区曾经是重要的木材生产区，为省市经济建设输出了大量的木材，过度采伐导致原本茂密的森林变成了光秃秃的石山。

图 4-6　过度樵采

2. 火　烧

岩溶地区部分区域人口多，耕地少，生活压力迫使人类活动向山地转移，刀耕火种活动明显；另外由于中华民族的传统祭祀习惯，清明节野外用火很难杜绝，虽然命令禁止带火种上山，但是还是有部分零星小火发生。

3. 工矿工程建设

岩溶地区的石灰石是工程建设的主要材料水泥的主要成分，水泥厂也是部分岩溶地区的支柱产业，水泥厂纳税是当地政府的主要财政收入，大量石灰石的大量开采造成植被严重破坏。

图 4-7　工矿工程建设

4. 不适当经营方式

岩溶区为广东少数民族瑶族主要集中的居住地区，由于民族生产、生活习性以及文化背景的不同，使得大部分少数民族聚居的岩溶地区生产经营方式还非常落后。

5. 其他人为因素

部分区域工业污染、岩溶山地过度放牧等人为因素也促进了植被的逆向演替。

（二）灾害性气候

2008 年 1~2 月，我国南方 19 个省（自治区、直辖市）发生的特大低温雨雪冰冻灾害，这次灾害持续时间之长、影响范围之广、危害程度之深、受灾情况之重为历史罕见。

这次灾害天气肆虐广东省达半个多月，尤其在粤北山区韶关、清远等高海拔岩溶地区雨雪强度大，持续时间长，造成大量乔灌木、竹子折断、撕裂、连根拔起，甚至成片倒伏，经济损失惨重，森林生态系统遭到重创。

图 4-8　灾害性气候

第五章 石漠化治理模式和造林树种选择

第一节 石漠化治理模式

广东省2008年起开始实施岩溶地区石漠化综合治理试点工程，通过连续多年的工程建设，总结取得成效和经验，结合国内近年来在石漠化治理中的新思路，研究适合广东石漠化综合治理的模式有森林植被恢复治理模式、经济利用类植被恢复治理模式、工程治理模式、生态经济型治理模式、生态移民治理模式等。

一、森林植被恢复治理模式

森林植被恢复模式是以建设森林植被，改善区域生态环境，保障国土生态安全，提高岩溶地区人民的可持续发展能力为主要目标，是广东省石漠化治理的首选模式。目前，全省较为成功的针对石漠化程度、岩石裸露度、土壤条件、土地现状等因素不同，采用森林植被恢复模式主要有封山育林、人工造林、退耕还林植被恢复模式。

（一）封山育林植被恢复治理模式

1. 适宜条件

岩石裸露度在70%以上或边远的石山地区，土壤很少，土层极薄，地表水极度匮乏，立地条件较差，不具备人工造林条件的重度、中度石漠化山地。

2. 主要思路

利用山地现有乔、灌、草天然萌生和下种能力，以及周围地区的天然下种能力，先培育草本，进而培育灌木，通过较长时间的封育，最终培育成乔灌草完整的植被群落，控制土壤侵蚀，保持水土。封山育林植被恢复治理模式简便易行，投资少见效快。具有种源基础的石漠化山地一般5~10年可以成林。

3. 主要措施

采取全面封禁，禁止采樵、放牧、割草、取土、采矿、挖掘根蔸和树桩以及一切不利于森林繁育的人为活动。

4. 典型案例

乐昌市云岩镇祖岭村岩溶区山地封山育林5年，植被总盖度提高20%~50%，植被类型由草本型演替过渡到灌木型，有少量的乔木幼苗开始萌生；封育10年，植被总盖度达80%，灌木盖度达50%，乔木盖度达20%，植被类型逐步开始由灌木型演替过渡到乔木类型，已形成乔灌草相对完整的森林群落结构。

（二）人工营造水土保持林植被恢复治理模式

1. 适宜条件

岩石裸露度 50%~70% 交通条件相对较好的半石山，土层厚度具有 40cm 以上的宜栽厚度，水热条件较好，适合乔木生长的中度、轻度石漠化山地。

2. 主要思路

选用水土保持和水源涵养功能良好，木材具有较高利用价值，适合岩溶地区生长的乡土阔叶树种为主要造林树种，少量选用针叶用材树种。通过人工植苗造林，抚育施肥，使其迅速恢复森林植被，从而形成阔叶混交或针阔混交林，起到良好的保持水土涵养水源功能，并为当地储备木材资源。

图 5-1　水土保持林植被治理

3. 主要措施

为了最低限度的降低因造林引起的水土流失，林地清理不可全面劈山、炼山，使用带状或块状林地清理，小穴整地，造林使用营养袋苗，保证成活率。

4. 典型案例

乐昌市秀水镇大罗岭村 2012 年石漠化综合治理防护林造林，使用荷木 + 枫香 + 荷木 + 藜蒴 + 火力楠 + 侧柏 + 湿地松造林树种，连续 3 年抚育，每年施肥抚育 2 次，3 年内平均树高达 2.5m，郁闭度达 0.3，迅速形成以乔木为主体，乔灌草完整的森林群落结构。

（三）人工营造用材林植被恢复治理模式

1. 适宜条件

交通便利，岩石裸露度 30%~50%，土层厚度具有 60cm 以上的宜栽厚度，水热条件良好，坡度不大于 25°，不易引起水土流失的轻度或潜在石漠化山地。

2. 主要思路

选用生长迅速，主干明显，出材率高，木材具有较好利用价值，适合岩溶地区生长的杉、马尾松、湿地松、桉树等用材树种，通过人工植苗造林，抚育施肥，使其迅速成林成材，从而获得木材资源和经济收入，并起到保持水土和涵养水源功能。该治理模式，

图 5-2　用材林植被治理

可以充分调动社会资金投入岩溶地区石漠化治理造林，实现多元投资。

3. 主要措施

为了最低限度的降低因造林引起的水土流失，林地清理和抚育不可全面劈山、炼山，使用带状或块状林地清理，小穴整地，造林使用营养袋苗，保证成活率。

4. 典型案例

韶关市武江区龙归镇林农在岩溶地区使用桉树造林，当年树高达 4m，郁闭度达 0.4，造林 6 年可进行轮伐，平均每亩可获得木材收益 6000 元。乐昌市秀水镇林农使用湿地松造林，三年树高达 5m，郁闭度达 0.5，造林 15 年可进行轮伐，平均每亩可获得木材收益 5000 元。

（四）退耕还林植被恢复治理模式

1. 适宜条件

坡度 25° 以上，极容易引起水土流失，当地农民弃耕的坡耕地。

2. 主要思路

选用水土保持和水源涵养功能良好，木材具有较高利用价值，适合岩溶地区生长的乡土阔叶树种为主要造林树种，少量选用针叶用材树种。通过人工植苗造林，抚育施肥，使其迅速恢复森林植被，从而形成阔叶混交或针阔混交林，起到良好的保持水土涵养水源功能，并为当地储备木材资源。

3. 主要措施

为了最低限度的降低因造林引起的水土流失，林地清理不可全面劈山、炼山，使用带状或块状林地清理，小穴整地，造林使用营养袋苗，保证成活率。

4. 典型案例

乐昌市秀水镇西河村 2013 年石漠化综合治理退耕还林造林，使用荷木 + 枫香 + 荷木 + 藜蒴 + 火力楠 + 侧柏造林树种，连续 3 年抚育，每年施肥抚育 2 次，3 年内平均树高达 2.5m，郁闭度达 0.3，迅速形成以乔木为主体，乔灌草完整的森林群落结构。

二、 经济利用类植被恢复治理模式

1. 适宜条件

岩石山下部地、洼地、谷地及河谷地区。坡度相对平缓，岩石裸露度 50% 以下，有一定的土壤厚度或山体有较多的岩缝，水热条件较好的地区。

2. 主要思路

选择区域相对自然条件较好，土壤具有较好的化学性质，有较高的自然肥力和生产潜力，充分利用山地自然条件栽种经济类树种、灌、藤或套种经济作物，实行短长结合，促进贫困山区脱贫，达到自然与社会协调发展的目的。

3. 主要措施

在洼地、谷地种植油茶、茶叶、桃、李、梅、柑橘等经济果木，在较多的岩缝地种植金银花、葡萄、猕猴桃。

4. 典型案例

乐昌市梅花镇流山村 2012 年石漠化综合治理，种植油茶 2000 亩，种植第 4 年即可采籽榨油，竹山下村民自发种植鹰嘴桃、供游人入园观赏采摘，均给当地村民获得良好的经济收益。

图 5-3　经济利用类植被治理

三、工程治理模式

广东岩溶地区石漠化工程治理主要有水资源利用与灌溉农业开发模式和坡改梯与水土保持建设模式。

（一）水资源利用与灌溉农业开发模式

1. 适宜条件

人口密度大，耕地多，水资源匮乏，人畜饮水困难，尤其是严重缺水的地区，通过水利工程建设，有效解决岩溶地区的生产、生活和生态用水。

2. 主要思路

该模式旨在合理的开发利用岩溶地区水资源，解决广大农村农业的生产生活用水，改善人民生活水平、提高农业综合生产能力，为贫困山区的农业经济发展注入新的活力。

3. 主要措施

一是修筑山塘水库、引水渠 进行蓄水引水供农田灌溉；二是开发利用表层喀斯特水和基岩裂隙水，利用泉源泉水、引水管（渠）、水池（水窖）、管网输出供人畜饮用及农田灌溉；三是修建田头水池，雨季集水提供旱地浇灌；四是采取工程节水和生物节水措施，发展节水灌溉农业。

4. 典型案例

英德市石漠化治理横石塘镇新群村灌区工程，通过修建挡水坝 2 座、深水井 12 口、高位水池 33 座，综合利用地表水和地下水，采用管道自动喷淋灌溉节水系统，有效解决了 4000 亩茶园，3000 亩耕地的生产灌溉用水。

（二）坡改梯与水土保持建设模式

1. 适宜条件

人口密度大、坡耕地比重大，人均耕地少、土地资源匮乏、耕地质量差的轻、中度石漠化山区。

2. 主要思路

通过对坡耕地进行梯化改造，实现由“降雨径流—水土流失—干旱低产的恶性循环”向“降雨—集雨浇灌—保肥保土—稳产高产”的良性循环转变。

3. 主要措施

对坡度5°~25°、水土流失严重、石漠化等级相对较低、土层较厚的坡耕地实施坡改梯工程，将土地梯化，增大土地耕作有效面积，拦截泥沙，增强土地肥力，并配套实施作业便道、蓄水池、截（排）水沟，保障耕地有效灌溉，将治理区内天然降水集蓄起来，丰枯互补，调剂使用，从而到达减少水土流失，稳产高产的目的。

图5-4　综合治理工程

4. 典型案例

乐昌市2012年石漠化综合治理工程，在梅花镇流山村进行坡改梯工程治理297亩，配套修筑田头水池30座，田间便道3.7km。原坡耕地只能种植低产低值的玉米、红薯等作物，通过坡改梯后，改种青瓜、茄子、豆角、辣椒等蔬菜，土地产出率由每年1000元/亩提高到每年10000元/亩，年增产值267.3万元。

四、生态经济型治理模式

主要有立体生态农业经济治理模式、特产农业经济治理模式、生态旅游经济治理模式。

（一）立体生态农业经济治理模式

1. 适宜条件

地貌为低山、丘陵，轻度或潜在石漠化程度，土壤和水资源条件相对较好地区。

2. 主要思路

充分利用当地的土地资源，发展种养农业经济，发展经济后为进一步的水土治理准备条件。

3. 主要措施

将可利用的山坡地、弃荒地、弃耕农田，采取招投标承包，鼓励群众发展种养，推行“造一片林，种一园果，养一栏猪，喂一群鸡鸭”的模式；在治理的同时，选择条件较好的地段种植一定数量的果园，在果园、地埂、林下种植蔬菜养猪，猪粪发展沼气，沼气渣种果，以短养长；或根据土地资源的条件采取宜鱼则鱼，宜果则果的办法，挖塘养鱼，塘面养鸭，山坡地、果园养鸡，鸡鸭粪养鱼，形成立体循环利用的模式。

4. 典型案例

乐昌市梅花镇关春村通过承包山地 420 亩种植油茶园，油茶园内养鸡，部分油茶园套种红薯、玉米、冬瓜等蔬菜，用红薯、玉米、冬瓜为饲料养殖特色“梅花猪”，猪粪做油茶肥料，取得良好的经济效益。

（二）特产农业经济治理模式

1. 适宜条件

岩溶山区，独特的农业资源，小气候条件和生态环境。

2. 主要思路

岩溶地区具有成土慢，地形坡度大，土壤厚度小，植被盖度低等局限。故岩溶地区不适于大规模生产粮食，生态系统遭破坏后难以恢复，不利于水土保持、土壤改良等，导致土壤贫瘠化、土地石漠化、不利于农业的高产和可持续发展。但岩溶山区又具有环境质量好，在较小的范围内具有多变的独特小环境，许多地方历史又具有相对闻名的农产品地方特产。所以发展特色农业产品，提高农业的产出率，是让山区农民得到实惠，走向脱贫致富的好路子。

3. 主要措施

以“龙头企业 + 合作社 + 基地 + 农户”的产业模式，社员参与或租金租用的方式把分散的土地集中起来建立特色产业基地，由有能力的农户或社员进入基地统一种植，进行规范化、标准化、现代化管理，走合作社发展之路，走品牌农业发展之路。

4. 典型案例

乐昌市梅花、云岩、秀水、沙坪 4 镇均远离城市，无城市污染，无工业污染。夏秋两季昼夜温差大，属于典型的高寒石灰岩山区气候，适于种植多种蔬菜，而且种植的蔬菜具有品质良好，爽口、清甜等特点。2012 年起石漠化治理以“龙头企业 + 合作社 + 基地 + 农户”的产业模式，大力发展“高寒地区”特色蔬菜，目前产品远销珠三角地区，为当地农民脱贫致富，起到重大的作用。

（三）生态旅游经济治理模式

1. 适宜条件

该模式在轻、中、重度石漠化地区均可推广。但必须具备较好的自然旅游资源禀赋、独特的石漠化景观或生态文化积淀，尤其在有国家级或省级风景名胜区依托的石漠化地区，适宜大力推广。

2. 主要思路

岩溶地貌构成了石漠化形成的自然背景，独特的岩溶形态是构成区域旅游景观的基本骨架和重要的自然资源。石漠化景观类型的多样性，在一些地区由于地表地下独特结构，具有很好的组合形式，结合古朴浓郁、保存完整的少数民族风情，形成具有开发价值的旅游景区，为旅游业发展创造了基本条件。

3. 主要措施

结合石漠化地区丰富的旅游资源，如洞穴、峡谷、石林等自然风景及多姿多彩的少数民族风情，可发展洞穴探险、峡谷漂流、民族风情等旅游项目，充分利用群众对旅游景区生态环境保护意识提高的契机，通过营造林草植被对旅游景区石漠化进行治理。加快副产业的形成，提高群众经济收益，解决部分农村剩余劳动力的就业，减少对石漠化土地的过度依赖，从而形成良性生态恢复和产业发展循环。

图 5-5　生态旅游治理模式

4. 典型案例

连南县国家石漠化公园，英德市“宝晶宫”“英西峰林”，连州市“地下河”，乐昌市“古佛岩”，封开县“小桂林”“十里画廊”等现已开发利用的喀斯特地貌景区。

五、生态移民治理模式

1. 适宜条件

地处偏僻，交通、信息、教育落后，资源匮乏，生存环境恶劣，生活贫困，不具备现代生产力诸要素合理结合的强度石漠化岩溶山区。

2. 主要思路

强度石漠化岩溶山区，由于资源匮乏，生存环境恶劣，无法吸收大量剩余劳动力。通过人口的迁移，进行人口分布结构和环境资源的再分配，从而达到合理利用土地资源，改善生态，解决贫困，化解社会矛盾的目的。

3. 主要措施

政府积极宣传引导，农民自愿，进行劳动技能培训，引导石漠化山区农村劳动力向

“珠三角”发达地区转移，让其子女入进入城镇上学，在城镇化的过程中逐步在城镇定居。从而使山区农民摆脱对贫瘠土地的依赖，摆脱贫困，生态逐步得到恢复。

4. 典型案例

英德市黄花镇德岗村生活条件恶劣，交通落后，信息闭塞，通过政府的宣传引导，农民自愿，年轻青壮劳力逐步到“珠三角”发达地区务工，全家逐步搬迁到县城或乡镇定居，逐步脱离对贫瘠土地的开垦种植，使石漠化土地得以休养，生态逐步进行自然修复。

第二节 石漠化治理造林树种选择

一、石漠化治理造林树种必须具备的特性

岩溶地区恶劣的自然条件对植物的选择性很强，石漠化治理造林必须选择具有相应特性树种才能生存，石漠化治理造林树种必须具有耐旱性、岩生性、耐瘠薄等特性。

二、石漠化治理造林树种选择的原则

（一）适地适树原则

根据该地区的气候、土壤等环境条件选择适宜物种，充分认识所选树种的生态学适应特性，是否适应该气候、土壤等环境条件。石漠化山地土壤破碎，零星分布不连续、土层浅薄、肥力差、保水性差，水土流失量较大，且山地裸露，无荫庇，日照强，水分蒸发量较大，临时性干旱严重，易受冷空气袭击，产生冻害。因此，应该选用阳性、耐旱、耐低温、耐贫瘠的树种。

（二）乡土树种优先原则

乡土树种是大自然经过长期选择，最适应该地区生长的物种，经历过常年性和偶发性灾害天气的考验和锻炼，可靠性大。优良的外来树种，必须在该地区经过一段时间的试验，才能大面积推广种植。

（三）生态效益优先，兼顾经济经效益的原则

石漠化造林以恢复森林植被，保持水土，涵养水源，改善生态环境为主要目的。同时，兼顾收获木材，利用叶芽、枝条、花果、种子产生经济效益。

（四）为野生动物提供食物和庇护场所原则

石漠化治理造林既要恢复山地植被，也要实现物种多样性。在树种选择时，应该考虑种植一些能提供野生鸟类、兽类食物的树种和能产生庇护作用的物种。

（五）良种选择原则

同一树种、同一立地条件良种的遗传增益明显，选用良种的林分生长迅速，成林效果好，郁闭早，提前发挥生态效益和经济效益。

三、广东石漠化治理造林树种

经过多年的石漠化治理造林实践、研究试验、总结经验，适合广东漠化治理造林树种，有 26 个科 68 个种。

松科 Pinaceae

马尾松 *Pinus massoniana*

湿地松 *Pinus elliottii*

杉科 Taxodiaceae

杉木 *Cunninghamia lanceolata*

柳杉 *Cryptomeria japonica* var. *sinensis*

红豆杉科 Taxaceae

红豆杉 *Taxus wallichiana* var. *chinensis*

柏科 Cupressaceae

柏木 *Cupressus funebris*

侧柏 *Platycladus orientalis*

圆柏 *Juniperus chinensis*

刺柏 *Juniperus formosana*

高山柏 *Juniperus squamata*

樟科 Lauraceae

香樟 *Cinnamomum camphora*

黄樟 *Cinnamomum parthenoxylon*

阴香 *Cinnamomum burmannii*

广东润楠 *Machilus kwangtungensis*

山鸡椒 *Litsea cubeba*

山茶科 Theaceae

木荷 *Schima superba*

油茶 *Camellia oleifera*

茶 *Camellia sinensis*

桃金娘科 Myrtaceae

桉 *Eucalyptus robusta*

杜英科 Elaeocarpaceae

中华杜英 *Elaeocarpus chinensis*

山杜英 *Elaeocarpus sylvestris*

大戟科 Euphorbiaceae

山乌桕 *Triadica cochinchinensis*

圆叶乌桕 *Triadica rotundifolia*

乌桕 *Triadica sebifera*

蔷薇科 Rosaceae

山楂 *Crataegus pinnatifida*

桃 *Amygdalus persica*

李 *Prunus salicina*

梅 *Armeniacamume*

苏木科 Caesalpiniaceae

皂荚 *Gleditsia sinensis*

任豆 *Zenia insignis*

豆科 Fabaceae

黄檀 *Dalbergia hupeana*

金缕梅科 Hamamelidaceae

枫香 *Liquidambar formosana*

马蹄荷 *Exbucklandia populnea*

木兰科 Magnoliaceae

火力楠 *Michelia macclurei*

乐昌含笑 *Michelia chapensis*

灰木莲 *Manglietia glauca*

乳源木莲 *Manglietia fordiana*

荷花玉兰 *Magnolia grandiflora*

杨梅科 Myricaceae

杨梅 *Myrica rubra*

壳斗科 Fagaceae

栗 *Castanea mollissima*

红锥 *Castanopsis hystrix*

吊皮锥 *Castanopsis kawakamii*

栲 *Castanopsis fargesii*

岭南青冈 *Cyclobalanopsis championii*

青冈 *Cyclobalanopsis glauca*

硬壳柯 *Lithocarpus hancei*

麻栎 *Quercus acutissima*

榆科 Ulmaceae

榆树 *Ulmus pumila*

朴树 *Celtis sinensis*

桑科 Moraceae

桑 *Morus alba*

构树 *Broussonetia papyrifera*

粗叶榕 *Ficus hirta*

榕树 *Ficusmicrocarpa*

冬青科 Aquifoliaceae

铁冬青 *Ilex rotunda*

苦木科 Simaroubaceae

臭椿 *Ailanthus altissima*

楝科 Meliaceae

楝 *Melia azedarach*

香椿 *Toona sinensis*

无患子科 Sapindaceae

栾树 *Koelreuteria paniculata*

复羽叶栾树 *Koelreuteria bipinnata*

漆树科 Anacardiaceae

南酸枣 *Choerospondias axillaris*

盐肤木 *Rhus chinensis*

漆 *Toxicodendron vernicifluum*

黄连木 *Pistacia chinensis*

木犀科 Oleaceae

女贞 *Ligustrum lucidum*

白蜡树 *Fraxinus chinensis*

竹亚科 Bambusoideae

毛竹 *Phyllostachys edulis*

篌竹 *Phyllostachys nidularia*

棕榈科 Arecaceae

棕榈 *Trachycarpus fortunei*

第六章 石漠化综合治理工程成效评价

第一节 广东省石漠化综合治理工程的由来

为改善生态环境，提高资源利用效率，促进人与自然和谐发展，实现社会的可持续发展，为加快启动岩溶地区石漠化综合治理试点工程，根据国务院批复同意的《岩溶地区石漠化综合治理规划大纲》精神，国家发展和改革委员会决定从2008年中央预算内投资中安排4亿元用于岩溶地区石漠化综合治理试点工程。

2008年9月19日，国家发展和改革委员会同国家林业局、农业部、水利部联合发文《关于下达2008年岩溶地区石漠化综合治理试点工程中央预算内投资计划的通知》（发改投资〔2008〕2500号），在全国挑选100个石漠化县进行综合治理试点工程，其中乐昌市作为广东省唯一的试点县。2008年7月10日，广东省发展和改革委员会批复了《关于乐昌市岩溶地区石漠化综合治理2008年县级试点实施方案的批复》（粤发改农〔2008〕775号）。

乐昌市经过3年的综合治理后，2011年，国家发展和改革委确定乐昌市、乳源县为全国石漠化综合治理重点县，2012年补充英德市、阳山县为综合治理重点县，开展石漠化综合治理工作。从2008~2014年，先后有乐昌、乳源、英德、阳山4个县（市）纳入了国家石漠化综合治理重点县三批次的范围。

2015~2016年，广东省林业厅针对全省石漠化20个县（市、区、林场）下达了石漠化专项造林资金。自此，广东省石漠化综合治理工程全面展开。

第二节 广东省石漠化综合治理工程的工程量

一、国家石漠化综合治理工程

（一）乐昌市治理工程量

2008年乐昌市岩溶地区石漠化综合治理范围在乐昌市秀水镇、沙坪镇。其中沙坪镇2个村，秀水镇10个村。实施封山育林1250.8hm^2，人工造林406.0hm^2，四旁绿化239.2hm^2（种植珍贵树种2.82万株）。建设完成引水渠20km，灌溉渠15km，小水池50座。建设完成沼气池95座，节柴灶2810座。

2009年乐昌市岩溶地区石漠化综合治理岩溶范围在梅花镇、沙坪镇，其中梅花镇17个行政村，沙坪镇6个行政村，完成封山育林2031.5hm^2，四旁绿化561.0hm^2（6.68万株）；人工造林390.1hm^2。建设完成引水渠11.6km，蓄水池50个。建设完成沼气池

180个。

2010年乐昌市石漠化综合治理岩溶范围在白石镇、庆云镇、云岩镇，其中白石镇3个行政村，庆云镇4个行政村，云岩镇4个行政村，实施封山育林3389hm^2，人工造林448hm^2，小型水利工程项目建设水渠7.7km，蓄水池65座，白石镇17座，庆云镇20座，云岩镇28座。

图6-1　乐昌市人工造林工程

2011~2013年，石漠化综合治理工程建设内容包括：封山育林3441.7hm^2，人工造林1932.1hm^2（含防护林1797.3hm^2、油茶134.8hm^2）；新建蓄水池4500m^3，维修水渠27.8km，维修加固山塘4座，坡改梯19.8hm^2，建设蔬菜生产基地333.3hm^{2}和养殖梅花猪3000头，田间生产道路3.7km，维修蓄水池30座。

（二）乳源县治理工程量

乳源县2011~2013年石漠化综合治理工程建设内容包括：封山育林面积6080.8hm^2，人工造林面积1121.0hm^2，其中防护林建设871.7hm^2，经济林建设249.3hm^2（含油茶种植218.5hm^2，种植结构调整水晶梨种植30.8hm^2），村庄绿化长度8.2km；改造干渠长32.6km，改造山塘水库11座，维修加固水池87个，改造挡水陂头1座，新建田间道路1.7km；坡改梯工程2.6hm^2，石化地改造36处；金银花种植17.5hm^2，建设蔬菜基地333.3hm^2，生态移民300户。

（三）英德市治理工程量

英德市2012~2014年石漠化综合治理工程建设内容包括：封山育林15000hm^2，人工造林900hm^2；建设蓄水调节池2座，深水井12个，高位蓄水池33个，高压水泵及配套设备14套，输水管道107.9km，机耕路及其他临时工程7.3km，灌溉面积593.3hm^2；

图6-2　英德市封山育林工程

建设“公司＋基地＋农户”模式的高效“英红九号”茶田133.3hm^2，带动农户种植20hm^2；完善233.3hm^{2}供港蔬菜基地配套基础设施建设，建成混凝土灌溉渠9600m，田间机耕道路6000m，土壤改良41.3hm^2。

（四）阳山县治理工程量

阳山县2012~2014年石漠化综合治理工程建设内容包括：封山育林面积14206.4hm^2、人工造林面积1050.0hm^2；改造灌渠20.59km，维修加固排洪渠1060m，新建消力池2处，防洪栏杆740m；防控柑橘黄龙病64.7hm^2，油茶种植133.3hm^2。

（五）四个石漠化综合治理重点县综合治理工程量

从2008~2014年，在乐昌市、乳源县、英德市、阳山县国家先后投资1.5亿元，省市县配套投资1.21亿元进行石漠化综合治理工程。

广东省石漠化综合工程治理面积包括：封山育林45400.2hm^2，人工造林5863.1hm^2，种植油茶486.6hm^2，种植茶叶153.3hm^2，种植水晶梨30.8hm^2，种植金银花17.5hm^2，种植蔬菜900.0hm^2，柑橘黄龙病防治64.7hm^2，坡改梯工程22.4hm^2，合计治理面积52938.6hm^2（表6-1）。

广东省石漠化综合工程其他治理措施包括：四旁绿化9.5万株珍贵树种，村道绿化8.2km；维修加固水渠119.6km，新建蓄水池约257座，维修蓄水池30座，维修加固山塘水库17座，新建输水管道107.9km，新建挡水陂头1座，消力池2个，防护栏杆740m；新建田间道路9.0km，道路硬化6km，石化地改造36处；新建沼气池413座，节柴灶7623个，生态移民300户。

表6-1　广东省石漠化综合治理工程面积统计表（单位：hm^2）

治理区域	封山育林	造林	油茶	茶叶	水晶梨	金银花	蔬菜	柑橘黄龙病防控	坡改梯
乐昌市	10113.0	3041.4	134.8				333.3		19.8
乳源县	6080.8	871.7	218.5		30.8	17.5	333.3		2.6
英德市	15000.0	900.0		153.3			233.3		
阳山县	14206.4	1050.0	133.3					64.7	
合计	45400.2	5863.1	486.6	153.3	30.8	17.5	900.0	64.7	22.4

二、广东省财政专项资金治理石漠化情况

2015年广东省财政厅下发《关于下达2015年岩溶地区石漠化治理专项资金的通知》（粤财农〔2015〕293号），7个岩溶区域的县（市、区、林场）下达造林面积1434.47hm^2，下达资金1893.5万元。

2016年广东省林业厅下发《广东省林业厅关于做好2016年岩溶地区石漠化治理工程建设管理工作的通知》(粤林函〔2016〕236号),18个岩溶地区的县(市、区、林场)下达造林面积833.3hm^2,下达资金1500万元。

第三节　石漠化综合治理主要做法与措施

一、以封山育林为主导,促进森林植被快速恢复

以“封山育林为主,造封结合”的思路,稳步推进林业生态建设。同时,把消灭荒山造林绿化工作与群众脱贫致富结合起来。将石漠化区域林地规划为省级以上生态公益林,纳入生态公益林管理,禁止商品性采伐,充分发挥林地自我修复能力。通过大力宣传封山育林,提高广大群众对林业生态建设重要性的认识,增强群众的生态意识、责任意识和参与意识,使他们从心理上主动融入生态建设,从行为上自觉参与生态建设。

图6-3　封山育林工程

二、以林业工程为突破,调整林种树种结构

林业生态建设是石漠化综合治理的重要组成部分,在石漠化地区同时启动实施森林碳汇造林工程、防护林工程、林分改造工程、森林抚育等林业重点生态工程,加大对石漠化地区的治理力度,遏制石漠化扩展和土地退化。争取国家投入林业生态建设资金,对生态功能等级较低的残次林、宜林荒山进行了人工造林和林分改造。在林业重点工程建设中,积极进行林种树种结构调整,增加阔叶林比重,建立以乡土阔叶树为主的多树种、多层次、稳定的森林生态系统,提高林分质量和生态功能等级。

三、以特色种植为纽带,提高林农耕山致富信心和决心

采取抓好石漠化地区的封禁治理、恢复天然植被与因地制宜发展特色种植相结合,实行工程措施与生物措施相结合,石漠化治理与农业结构调整相结合,石漠化治理与增加农民收入相结合的“四个结合”,积极探索生态经济型治理思路。在石灰岩地区优先发展良种油茶,实现石漠化治理的同时提升林地产出效益。目前,韶关市石灰岩地区油茶种植面积达4.8万

图6-4　生态经济结合治理工程

多亩，完成油茶基地建设 1 万多亩，取得了显著的生态、经济和社会效益。

四、以四旁绿化为着力点，增强护绿爱绿观念意识

在石漠化地区大力开展身边增绿活动，发动农民利用村前屋后、水旁、宅旁等“四旁”闲置土地大搞村庄绿化美化建设，无偿赠送乐昌含笑、南方红豆杉、楠木、马褂木、香椿、桂花等珍贵树种给村民种植。近 10 年来，韶关市在石漠化地区建设了林业生态文明村 34 个，“四旁”种植珍贵树种 12.68 万株。

五、以扶贫项目为启动，调动农民积极性

根据当地自然、地理等环境，兼顾当地农户的经济收入，做到生态效益和经济效益相结合，带动农民的积极性。为提高农户收入，改善其经济状况，采取调整种植结构，合理利用土地等自然资源建设经济林木的模式，成林后，依照“谁管护，谁受益”的原则，将林木分配到户，由农户自行管理和收益。这一措施变单一的粮食生产经营模式为多种生产经营模式，不仅满足了石漠化生态治理的要求，同时又增加了农民收入，调动农民参与石漠化治理的积极性。

六、强化管理，确保实效

一是采取多种形式、利用多种宣传工具和手段，大力宣传石漠化治理工程的重要意义，积极推进治理工程全面开展。二是依法治林，建立健全森林资源管理、监督和保护体系。坚决制止新的毁林开荒及乱占林地的违法行为，狠抓采伐限额管理，杜绝超限额采伐，加强执法队伍和森林管理、监督和保护体系建设。三是重视科技，提高工程的科技含量。科学确定营造林方式，筛选适生树种，确定不同树种的结构和比例，运用成熟的技术进行推广，使工程建设取得明显效果。四是引导林农参与，通过传播科学文化知识，保障生态重建及经济、社会可持续发展。

第四节　石漠化综合治理实施成效

通过封山育林、人工造林、油茶种植、种植结构调整等一系列石漠化综合治理措施增加区域的植被盖度、森林面积、水源涵养量，减少水土流失状况，有效维护国土的生态安全。

一、生态效益分析

① 加强生态公益林管理，提高生态多样性。石漠化山地经全面封山育林使不同植被发挥天然更新能力，最大限度地利用喀斯特地区特有的小生境，合理地利用自我更新演替，形成复合的森林群落。石灰岩山地森林植被恢复主要演替规律如下：裸地—草灌丛—

灌草丛—藤刺灌—疏林—喀斯特森林植被群落，整个过程需要至少 20 年的时间，由此形成结构合理、生物多样、复杂稳定的喀斯特森林生态系统。通过 10 多年的自我更新及综合治理，广东省岩溶区植被类型从简单植被群落结构向完整植被群落结构演变的趋势，监测显示，第三次监测比第一次监测乔木型岩溶土地面积增加 46442.6hm^2，占岩溶地区石漠化监测面积 1059636.0hm^2 的 4.38 %。

② 森林面积增加。乐昌、乳源、英德、阳山 4 县（市）通过石漠化综合治理工程，通过封山育林、人工造林、油茶种植等措施增加森林面积 51749.9hm^2，2015~2016 年广东省石漠化专项资金治理，增加森林面积 2267.8hm^2，广东省石漠化监测区域森林覆盖率有望增加 5.10%。

③ 涵养水源功能增强。随着森林面积增加，森林涵养水源功能的增强，不仅有利于提高耕地综合生产能力，促进农业高产稳产，而且加大地下水的补给量，促使表层泉均匀流出，大泉、暗河动态更加稳定，缓解岩溶地区的缺水矛盾。大雨降落时，有 20% 以上的雨量被树冠和枝叶截留，5%~10% 被地面枯枝落叶和杂草截留并吸收，森林内团粒结构的土壤能够较快地将地表水转化为地下水。石漠化地区综合治理后每年增加森林涵养 580.15 万 m^3 水源。

图 6-5　石漠化综合治理工程

④ 保土、保肥效益。岩溶地区林草植被增加，减轻水土流失面积及强度，改善珠江中下游地区的生态状况和减少泥沙淤积量，同时增强土壤肥力，降低农林业生产成本。观测表明，只要有 1cm 厚的枯枝落叶层，就可以把地表径流减低到裸地的 1/4，泥沙量减少 94%，降雨导致裸地土壤流失量是林地的 100 多倍。

⑤ 释放氧气及缓解温室效应。随着林草植被质量提高和盖度增加，植物通过光合作用大量吸收空气中的二氧化碳气体，释放出更多的氧气，增加空气中的负离子浓度，提高了空气的舒适度；同时，光合作用所消耗的大量二氧化碳气体，对温室效应有较好的抑制作用。每公顷阔叶林，一天消耗 1 t 二氧化碳，释放 0.37 t 氧气，可供约 1000 人呼吸新鲜空气。石漠化地区综合治理后每天森林可吸收 54017.7 t 二氧化碳、产生 16205.3 t 氧气。

⑥ 净化大气效益。林草植被具有很好的吸尘、杀菌、除毒等净化空气的能力，随着林草植被的增加，将有利于改善项目区的空气质量和生态状况。每公顷森林每年可吸收二氧化氮 0.3 万 t、二氧化硫 748 t、一氧化氮 0.38 t、一氧化碳 2.2 t。石漠化地区综合治理后森林每年可吸收二氧化氮 162205.3 万 t、二氧化硫 4040.5 万 t、一氧化氮 2.05 万 t、一氧化碳 11.9 万 t。

二、社会经济效益分析

项目区群众十分欢迎石漠化项目的实施，对农业生产的帮助很大，尤其是农田灌溉方面。如项目实施前的灌溉渠道的渠道水利用系数为 0.40，项目实施后的渠道水利用提高至 0.7，以前每家每户在水源点蹲守分水的现象不存在了。水利水保工程共改善农田灌溉面积 15950 亩，按每亩增产粮食 25kg 计算，共增产粮食 398.7 t。高山蔬菜基地反季蔬菜按均产 1250 kg/ 亩、均价 1.0 元 /kg 和按 80% 的商品率计算，将向市场提供优质反季蔬菜 1062 万 kg，销售收入达到 1062 万元。种植油茶 7300 亩，盛产期按每亩产值 0.5 万元计，每年产值 3650 万元。同时起到引导示范作用，乐昌市引进油茶产业“龙头”企业广东碧春晖农业有限公司，完成油茶基地建设 1 万多亩。取得了显著的社会经济效益。

图 6-6 油茶基地建设

扶贫开发项目如蔬菜基地建设、金银花基地建设等，推进了当地农业产业化的发展，通过龙头企业一头连农户、一头连市场，实行合同化管理的途径，解决一家一户的小生产与千变万化的大市场矛盾，实现资源的优化配置，提高农业的比较利益。

通过对石漠化地区的综合治理，广东省石漠化面积大幅减少，石漠化程度逐步减轻，身边环境的绿化美化，进一步提高了石漠化地区人民对防治石漠化重要性的认识，使广大群众参与石漠化治理的意识越来越强，保护森林资源的自觉性越来越高。让石漠化地区生活条件、人居环境和发展环境得到全面改善。

第五节 石漠化综合治理存在的问题及建议

一、存在的问题

① 治理难度较大：恢复石漠化地区林草植被，重建森林生态系统，是遏制岩溶地区石漠化的根本措施。然而石漠化地区土层浅薄，岩石裸露，土壤偏碱性，有机质含量低，不利于植物的生长。现有石漠化治理方法，恢复林草植被难度大、成本高；加上山高坡陡、

地表降水很快形成地表径流或通过缝隙转入地下，导致新种植的植被因干旱无水而死亡，影响治理成效，综合治理工程难度较大。

② 建设资金投入严重不足：广东石漠化土地分布范围较广、程度深，综合治理的工程规模小、实施范围不大，目前尚有亟待治理的石漠化区域土地 48.61 万 hm^2，治理任务仍十分艰巨，需投入大量的资金。然而，石漠化地区多属贫困山区，经济发展滞后，财政困难重重。因此，资金短缺已经成为制约广东岩溶地区石漠化综合治理的首要问题。

③ 管护难：石漠化试点区环境恶劣，生态脆弱，保水保肥能力差，极易受冰冻、干旱、山火等极端因素影响；管护周期长，后续资金短缺。生态工程重在长时间持续管护，而管护需要人员队伍建设、设备等，这些都需大量的资金持续投入，后续管护资金问题成了管护工作的瓶颈。

④ 不适当的经营方式：石漠化地区由于农民的传统耕种习惯，经常烧田埂，容易造成火烧山，石漠化地区植被稀少，通过多年的封山育林才能恢复点植被，而火灾能把多年的努力付诸东流。

⑤ 人口压力：岩溶地区部分区域人口多，耕地少，生活压力迫使人类活动向山地转移，坡耕地所占的比例很大，坡耕地极易造成水土流失，石漠化地区土壤薄，水土流失一段时间石灰岩就裸露出来形成石漠化。

⑥ 生态环境保护意识有待加强：由于石漠化地区地处偏僻，居民受教育程度相对较低，生态环境保护意识较为欠缺，区域相关机构对石漠化治理的宣传工作还不到位，当地居民对植树造林、绿化石山的意识较为薄弱，石漠化治理还未形成全社会共同参与的局面。

二、建　议

① 加大对石漠化地区植被恢复治理的投资力度，国家、省财政应当长期对石漠化区域的封山育林、植被管护、农民脱贫等治理措施进行扶持，把石漠化综合治理工作当作一项长期的工程来推进。

② 积极探索石漠化治理新技术、新模式，通过开展生态农业、特产农业、生态旅游等生态经济型治理模式，将保护和利用相结合。

③ 加强宣传力度，在报纸、电视等新闻媒体加大对石漠化危害及治理措施的宣传力度，让群众了解石漠化的相关知识，使全民关注生态、热爱生态，参与生态建设。

第七章　植物资源与群落多样性

石漠化地区主要为基岩由石灰岩构成的山地区域，也称岩溶山区或喀斯特山区。广东省石漠化山区总面积约 6208km^2，占全省土地总面积的 3.5%，主要分布在西北部和西部山区，其中西北部面积最大，集中分布在大东山两侧（陈朝辉，1992），包括乐昌、乳源、连南、连县、阳山、英德、清远、怀集、云浮等地。这些区域集中连片的石漠化山区植被，尤其是崖壁、偏远的溶洞等生境的植被保存完好。广东省大多数石漠化山区被划为重点生态公益林区，由于溶岩生境本身的隔离分化，促进了喀斯特特有种的分化和形成，使得这些区域孕育了不少仅适合生长于石灰岩生境的特有植物和嗜钙植物（严岳鸿等，2002）。加上石漠化山区地形相当陡峭，难以深入，以及大量枝刺非常锋利的大型藤本（如老虎刺 *Pterolobium punctatum*、鸡嘴簕 *Caesalpinia sinensis* 等）分布在林地周围，难以深入调查，许多植物种类还未被发现和记录，为后期植被资源保护和开发利用造成较大的限制。

经过近年来的现场调查、标本采集和鉴定，记录广东石漠化山区森林植物的种类、生境和生长现状等，并选取了一定区域设置样地和标准地，开展植被群落的样方调查。初步掌握了广东省石漠化山区森林植物资源现状、主要植被类型和样地植物多样性，以及资料查询和野外考察所记录到的石灰岩特有植物等。野外调查期间发现一种石漠化地区溶洞特有植物新种，大桥珍珠菜 *Lysimachia daqiaoensis* G. D. Tang & R. Z. Huang，同时总结和发现了较多石漠化山区特有植物，这些森林植被资源是石漠化山区的宝贵财富，急需充分保护，部分物种可作为珍稀中药材、优良园林绿化植物等进行开发利用。本次调查的时间较短，记录物种不够全面，样方设置也还较少，未能全面覆盖广东石漠化山区的主要地理区域，下一步需要更加全面的实地考察和记录。

第一节　植物资源状况

通过踏查和样方调查，以及资料查阅，共记录了石漠化地区维管植物 143 科 376 属 637 种。其中蕨类植物 22 科 30 属 58 种；裸子植物 3 科 3 属 3 种；双子叶植物 101 科 295 属 479 种；单子叶植物 17 科 73 属 97 种。各分类群的比例见表 7-1。

从表 7-1 可以看出，在科、属、种的不同层次的组成上均以被子植物占绝对优势，科、属、种的数量均超过总数的 90%。

表 7-1　广东省石漠化地区维管植物种类统计

分类群		科		属		种	
		科数	占比 /%	属数	占比 /%	种数	占比 /%
蕨类植物		22	15.38	30	7.48	58	9.12
裸子植物		3	2.10	3	0.75	3	0.47
被子植物	双子叶	101	70.63	295	73.57	479	75.16
	单子叶	17	11.89	73	18.20	97	15.25
总计		143	100	401	100	637	100

维管植物在各类群的差异较大（表 7-2）。按所含属的多少对科的大小进行分级，含 20 属及以上的超大科有 2 个（禾本科 Gramineae 31 属 37 种和菊科 Compositae 26 属 35 种），所含属数之和为 57 属，占总属数 401 属的 14.21%；含 10 属以上的大科有 4 个（豆科 Fabaceae 17 属 22 种，大戟科 Euphorbiaceae 11 属 23 种、莎草科 Cyperaceae 12 属 20 种和蔷薇科 Rosaceae11 属 21 种），所含属数之和为 51 属，占总属数 401 属的 12.72%；含 5~9 属的中等科有 14 科，单属科和寡属科共含有 123 属，所占比例高达 30.67%。按所含种的多少对科的大小进行分级，含 20 种及以上的超大科有 6 科，所含种数之和为 159 种，占总种数 624 种的 25.48%；而含 10~19 种的大科只有 9 个；含 9 种以下的科有 128 科，占总科数的 89.51%。在属的分布上也存在类似科的分布大小情况。单属科、寡种科和单种属分别占有比较高的比例；而含属或种较多的大科及超大科的数量较少。

表 7-2　石漠化区域维管植物科级、属级组成

类型	单属科	寡属科（2~4 属）	中等科（5~9 属）	大科（10~19 属）	超大科（≥ 20 属）	合计科数
数量	76	47	14	4	2	143
占比	53.15%	32.87%	9.79%	2.80%	1.40%	100.00%
类型	单种科	寡种科（2~4 种）	中等科（5~9 种）	大科（10~19 种）	超大科（≥ 20 种）	合计科数
数量	54	47	27	9	6	143
占比	37.76%	32.87%	18.88%	6.29%	4.20%	100.00%
类型	单种属	寡种属（2~4 种）	中等属（5~9 种）	大属（10~19 种）	超大属（≥ 20 种）	合计属数
数量	284	105	10	2	0	401
占比	70.82%	26.18%	2.49%	0.50%	0.00%	100.00%

一、种子植物区系的特征

（一）优势科的区系组成

种子植物区系中，含植物种类 20 种及以上的有 6 科（表 7-3）。除了大戟科是泛热带分布的，其他 5 科都是世界广布的科。

表 7-3 石漠化地区种子植物区系种类数量优势科（单位：个）

序号	科	属数	种数	主要分布区
1	禾本科	31	37	世界广布
2	菊科	26	35	世界广布
4	蝶形花科	17	22	世界广布
3	大戟科	13	24	泛热带分布
5	莎草科	12	20	世界广布
6	蔷薇科	11	21	世界广布

（二）种子植物科的分布区类型

根据吴征镒等对科的分布区类型的划分，广东石漠化区域植物区系有 9 个分布区类型及其变型（表 7-4），其中以泛热带分布及其变型有 40 科（占总科数的 33.61%）居首位，世界广布的科有 36 科（占 30.25%）居第二位，北温带分布及其变型的科有 16 科（占 13.45%）居第三次；东亚（热带、亚热带）及热带南美间断分布类型有 9 科（占 10.84%）；其余类型所含科数的比例均在 5% 以下，在科级水平上以泛热带分布及其变形成分为主，也含有较多的世界广布和北温带分布及其变型成分。

表 7-4 种子植物科的分布区类型及比例

序号	区系	科数	属数	种数	比例 /%
1	世界广布	36	177	259	
2	泛热带分布	40	111	189	48.19
2–1	热带亚洲—大洋洲和热带美洲	2	2	2	2.41
2–2	热带亚洲—热带非洲—热带美洲间断分布	3	10	12	3.61
2S	以南半球为主的泛热带分布	3	6	8	3.61
3	东亚（热带、亚热带）及热带南美间断分布	9	22	41	10.84
4	旧世界热带分布	2	2	3	2.41
5	热带亚洲至热带大洋洲分布	3	4	5	3.61
7d	全分布区东达新几内亚	1	2	3	1.20
8	北温带分布	7	14	17	8.43
8–4	北温带和南温带间断分布	8	12	15	9.64
8–5	欧亚和南美洲温带间断	1	1	1	1.20

续表

序号	区系	科数	属数	种数	比例 /%
9	东亚及北美间断分布	2	2	2	2.41
10-3	欧亚和南非（有时也在澳大利亚）	1	1	1	1.20
14	东亚分布	1	1	1	1.20

1. 世界广布

本类型中包括多数世界性大科和较大科，如毛茛科 Ranunculaceae、十字花科 Cruciferae、禾本科 Poaceae、莎草科 Cyperaceae、菊科 Compositae、蔷薇科 Rosaceae、玄参科 Scrophulariaceae、唇形科 Labiatae、蓼科 Polygonaceae、旋花科 Convolvulaceae、苋科 Amaranthaceae 等。从起源演化来看，这些科分别起源于不同的大陆板块，形成若干个分布中心，在不同的历史时期持续的进行分化。除上述世界性大科外，本类型还包括一些较小的科，如马齿苋科 Portulacaceae、堇菜科 Violaceae、瑞香科 Thymelaeaceae、车前草科 Plantaginaceae、败酱科 Valerianaceae、千屈菜科 Lythraceae、酢浆草科 Oxalidaceae、鼠李科 Rhamnaceae 等。部分科的种类在乔木层也比较重要，如蔷薇科的石山桂花 *Osmanthus fordii*、桃叶石楠 *Photinia prunifolia*、榆科的朴树 *Celtis sinensis* 等，在石漠化森林植被乔木层中较为常见，但大多数种类均分于林下、林缘、荒坡、田野和水塘等环境中，如典型的草本植物大科禾本科和菊科植物。

2. 热带成分（类型 2~7 及其变型）

该类型在广东省石漠化地区植物区系中比例最高，共 63 科，占总科数的 75.90%。其中以泛热带分布科最多，有 40 科。63 个热带成分科共含 159 属 263 种，占种子植物总属数的 43.32% 和总种数 47.05%。

泛热带分布类型（2）有 40 科，占世界分布科外总科数的 48.19%，包括了该地区地带性森林植被中绝大多数优势种类，如山茶科 Theaceae、梧桐科 Sterculiaceae、大戟科 Euphorbiaceae、含羞草科 Mimosaceae、茶茱萸科 Icacinaceae、芸香科 Rutaceae、漆树科 Anacardiaceae、紫金牛科 Myrsinaceae、野牡丹科 Melastomataceae 等。此外，本类型还包括大量组成森林群落中林下草本及层间藤本的植物，如锦葵科 Malvaceae、菝葜科 Smilacaceae、天南星科 Araceae、荨麻科 Urticaceae 等。此分布区类型的变型 2-1 包含 2 科，即五桠果科 Dilleniaceae 和山矾科 Symplocaceae，这 2 科的植物偶见于石漠化森林植被中。变型 2-2 包含 3 科，即椴树科 Tiliaceae、苏木科 Caesalpiniaceae 和买麻藤科 Gnetaceae，椴树科多见于森林植被的灌木层中，后两者以藤本类型出现于林中。

东亚（热带、亚热带）及热带南美间断分布类型（3）包含 9 科，有杜英科 Elaeocarpaceae、木通科 Lardizabalaceae、水东哥科 Saurauiaceae、冬青科 Aquifoliaceae、五加科 Araliaceae、省沽油科 Staphyleaceae、安息香科 Styracaceae、马鞭草科

Verbenaceae、苦苣苔科 Gesneriaceae 等。五加科的鸭脚木 *Schefflera heptaphylla*、冬青科的大果冬青 *Ilex macrocarpa* 在部分常绿阔叶林的乔木层中是建群种，苦苣苔科植物在石灰岩石壁上广泛分布，最常见的有网脉蛛毛苣苔 *Paraboea dictyoneura*、石山苣苔 *Petrocodon dealbatus* 等；其中报春苣苔 *Primulina tabacum* 为国家一级保护野生植物，另外还有清远报春苣苔 *Primulina qingyuanensis* 和阳山报春苣苔 *Primulina yangshanensis*、英德报春苣苔 *Primulina yingdeensis*、怀集报春苣苔 *Primulina huaijiensis*、封开报春苣苔 *Primulina fengkaiensis*、乐昌报春苣苔 *Primulina lechangensis*、马坝报春苣苔 *Primulinamabaensis* 等石灰岩区域特有种，种群数量稀少。

旧世界热带分布类型（4）包含 2 科，即海桐花科 Pittosporaceae、八角枫科 Alangiaceae。海桐花科的褐毛海桐 *Pittosporum fulvipilosum* 和聚花海桐 *Pittosporum balansae* 在石灰岩林分边缘比较常见。

热带亚洲至热带大洋洲分布类型（5）包含 3 科，即交让木科 Daphniphyllaceae、姜科 Zingiberaceae 和百部科 Stemonaceae。这 3 科的种类很少，在森林植被中也比较少见。

全分布区东达新几内亚（7d）类型只有一个科——清风藤科 Sabiaceae。

3. 温带成分（类型 8~14 及其变型）

广东省石漠化区域温带成分的种子植物有 20 科，占种子植物除去世界分布科后总科数的 24.10%。其中北温带及其变型分布最多，共有 7 科。20 个温带成分科共含 31 属 37 种，分别占总属数的 16.32% 和总种数的 12.33%。

北温带分布类型（8）有 7 科，即松科 Pinaceae、金丝桃科 Hypericaceae、大麻科 Cannabaceae、越桔科 Vacciniaceae、忍冬科 Caprifoliaceae、百合科 Liliaceae 和列当科 Orobanchaceae。松科植物分布广泛，金丝桃科和越橘科植物也比较常见。变型 8-4 北温带和南温带间断分布类型也有 8 科，分别是亚麻科 Linaceae、绣球花科 Hydrangeaceae、金缕梅科 Hamamelidaceae、壳斗科 Fagaceae、胡颓子科 Elaeagnaceae、胡桃科 Juglandaceae、槭树科 Aceraceae、山茱萸科 Cornaceae；其中胡桃科、壳斗科和槭树科植物在石灰岩植物群落中分布较广。欧亚和南美洲温带间断类型（8-5）有 1 科，即川续断科 Dipsacaceae。

东亚及北美间断分布类型（9）有 2 科，即三白草科 Saururaceae 和鼠刺科 Escalloniaceae。这几科的植物在部分石灰岩植被中稀疏分布。

东亚分布类型（14）有 1 科，即旌节花科 Stachyuraceae。

（三）种子植物属的分布区类型

种子植物属的分布区类型以泛热带分布及其变型最多，有 109 个（表 7-5）；其次是热带亚洲（印度—马来西亚）分布及其变型成分共 41 个属，占扣除世界分布属的 12.13%；旧世界热带分布及其变型成分共 35 个属，占扣除世界分布属的 10.36%；其余的分布型所占的比例均少于 10%。缺少 2 个分布类型：地中海区、西亚至中亚分布；中亚分布；有 3 个中国特有分布属。因此在种子植物属级水平上，广东石漠化区域植物区系的分布区类型稍呈多样，以泛热带、热带亚洲和旧世界热带的分布区类型为主，同时也有一定的东亚分布和温带分布成分。

表 7-5　种子植物属的分布区类型及比例

序号	区系	属数	比例 /%
1	世界广布	29	
2	泛热带分布	98	28.99
2–1	热带亚洲、大洋洲和南美洲（墨西哥）间断分布	4	1.18
2–2	热带亚洲、非洲和南美洲间断分布	7	2.07
3	热带亚洲和热带美洲间断分布	8	2.37
4	旧世界热带分布	35	10.36
4–1	热带亚洲、非洲（或东非、马达加斯加）和大洋洲间断分布	3	0.89
5	热带亚洲至热带大洋洲分布	19	5.62
6	热带亚洲至热带非洲分布	14	4.14
6–2	热带亚洲和东非或马达加斯加间断分布	2	0.59
7	热带亚洲（印度—马来西亚）分布	41	12.13
7–1	爪哇（或苏门答腊）、喜马拉雅间断分布到华南、西南	3	0.89
7–4	越南（或中南半岛）至华南（或西南）分布	6	1.78
8	北温带分布	26	7.69
8–4	北温带和南温带间断分布	7	2.07
9	东亚和北美洲间断分布	18	5.33
10	旧世界温带分布	8	2.37
10–1	地中海区、西亚（或中亚）和东亚间断分布	3	0.89
11	温带亚洲分布	2	0.59
12	地中海区、西亚至中亚	1	0.30
12–3	地中海区至温带、热带亚洲，大洋洲和南美洲间断	1	0.30
14	东亚分布	18	5.33
14（SH）	中国—喜马拉雅分布	3	0.89
14（SJ）	中国—日本分布	8	2.37
15	中国特有分布	3	0.89

1. 世界分布属

广东省石漠化区域的世界分布型属有 29 属，主要包括铁线莲属 *Clematis*、毛茛属 *Ranunculus*、碎米荠属 *Cardamine*、焯菜属 *Rorippa*、蓼属 *Persicaria*、苋属 *Amaranthus*、悬钩子属 *Rubus*、鬼针草属 *Bidens*、千里光属 *Senecio*、车前草属 *Plantago*、茄属 *Solanum*、薹草属 *Carex*、莎草属 *Cyperus*、马唐属 *Digitaria*、黍属 *Panicum* 及菊科、苋科等世界性大科内的多个属。与世界性分布的科类似，除悬钩子属的部分种类外，世界性分布的属绝大多数为草本，生境也以林缘、荒坡、田野、湿地、水边等为主，作为占据这些地区的先锋植物出现。在人为干扰比较严重的地区，但本分布型属无法在地带性森林植被中起到重要作用。

2. 泛热带分布属

泛热带分布及其变型是指广布于东、西半球热带和在全世界有一个或多个分布中心，但在其他地区也有分布的属。广东石漠化区域植物中，属于此类型的有 109 属，占除去世界分布属的 32.24%，是属级水平上占比例最大的分布区类型。琼楠属 *Beilschmiedia*、杜英属 *Elaeocarpus*、巴豆属 *Croton*、乌桕属 *Triadica*、榕属 *Ficus*、冬青属 *Ilex*、安息香属 *Styrax*、柿树属 *Diospyros* 等是石漠化森林植被乔木层的常见成分；大青属 *Clerodendrum*、花椒属 *Zanthoxylum*、卫矛属 *Euonymus*、树参属 *Dendropanax*、九节属 *Psychotria*、栀子属 *Gardenia* 等组成了林下灌木层的主要成分；冷水花属 *Pilea*、鸭嘴草属 *Ischaemum*、割鸡芒属 *Hypolytrum*、珍珠茅属 *Scleria*、黑莎草属 *Gahnia* 等包含了林下草本层的主要种类；云实属 *Caesalpinia*、崖豆藤属 *Millettia*、菝葜属 *Smilax* 和锡叶藤属 *Tetracera* 等层间植物在森林群落中也很常见。

3. 热带亚洲和热带美洲间断分布属

此类型属是指间断分布于美洲和亚洲温暖地区的热带属。广东石漠化区域植被中有 8 属，占除去世界分布属后总属的 2.37%，数量较少，重要性相对较低，但也有如木姜子属 *Litsea*、柃属 *Eurya*、泡花树属 *Meliosma* 等类群在群落中乔木层和林下层占优势类群。在石灰岩山地林缘偶尔见到山香圆属 *Turpinia* 和雀梅藤属 *Sageretia* 的植物。

4. 旧世界热带分布属

旧世界热带分布属是指分布于热带亚洲、非洲和大洋洲及其邻近岛屿的属。此类型 35 属，占除去世界分布属后的 10.36%。该分布型属多是单种属，但对于森林群落起着有一定的作用。如山姜属 *Alpinia* 等属的种类常见于溪谷常绿阔叶林的林下；蒲桃属 *Syzygium* 部分种类可以进入森林群落的乔木层；而野桐属 *Mallotus*、五月茶属 *Antidesma*、八角枫属 *Alangium*、杜茎山属 *Maesa* 等在林缘、林下等比较常见；本类型的酸藤子属 *Embelia*、千金藤属 *Stephania*、玉叶金花属 *Mussaenda* 等藤本植物也是林内层间植物的重要组成部分；金锦香属 *Osbeckia* 则在水塘边的草地上有一定的分布。

5. 热带亚洲至热带大洋洲分布属

热带亚洲至热带大洋洲是旧世界热带的东翼。此类型有 19 属，占除去世界分布属后总属的 5.62%。本类型分布区桃金娘 *Rhodomyrtus tomentosa*，为较为常见的林下灌木；樟属 *Cinnamomum*、紫薇属 *Lagerstroemia*、野牡丹属 *Melastoma* 等的分布范围可达我国江南地区，是亚热带常绿季风阔叶林的重要组成物种；而分布范围可达温带地区的主要是通泉草属 *Mazus* 等草本属。

6. 热带亚洲至热带非洲分布属

热带亚洲至热带非洲是旧世界热带的西翼。此分布区类型的有 14 属，占除去世界分布属后的 4.14%。这一分布区深受热带干热气候的影响，除四季湿热的热带雨林和季雨林外，还包含不少热带干旱地区的特有种类。分布范围到亚热带或温带的属，如土蜜树属 *Bridelia* 的大叶土蜜树 *Bridelia retusa* 在乔木层偶见，狗骨柴属 *Diplospora* 在林下偶见；钟萼草属的野地钟萼草 *Lindenbergiamuraria* 在石灰岩庇荫的石壁上较为常见，莠竹属 *Microstegium*、香茅属 *Cymbopogon*、筒轴茅 *Rottboellia cochinchinensis* 组成了林缘、荒坡、湿地、海边等生境的草丛。

7. 热带亚洲（印度—马来西亚）分布属

热带亚洲（印度—马来西亚）是旧世界热带的中心部分。此分布区类型的属 41 属，占除去世界分布属后的 12.13%，是仅次于泛热带分布的第二大分区类型。从群落组成来看，本分布区类型包含一些当地森林群落的常见种或优势种，如润楠属 *Machilus*、蚊母树属 *Distylium*、黄杞属 *Engelhardtia*、银柴属 *Aporusa* 等的种类；鸡矢藤属 *Paederia*、轮环藤属 *Cyclea* 等则是林下层藤本植物的常见种类。从属的地理成分分析，仍以亚热带成分为主，且另有苦荬菜属 *Ixeris*、构属 *Broussonetia*、蛇莓属 *Duchesnea* 等的种类分布到温带地区。

8. 北温带分布属

北温带分布属是指那些广泛分布于欧洲、亚洲和北美洲温带地区的属。此分布区类型有 26 属，占除去世界分布属后的 7.69%。以松属 *Pinus* 的马尾松 *Pinusmassoniana*、南鹅掌柴属 *Schefflera*、野漆属 *Toxicodendron* 等组成的针阔混交林为主，掺杂一些蔷薇属 *Rosa*、绣线菊属 *Spiraea*、荚蒾属 *Viburnum*、胡颓子属 *Elaeagnus* 和盐麸木属 *Rhus* 等常见林下或林缘常见灌木；还有稗属 *Echinochloa*、野古草属 *Arundinella*、画眉草属 *Eragrostis* 等草本植物。

9. 东亚和北美间断分布属

东亚和北美间断分布属是指间断分布于东亚和北美温带及亚热带地区的属。这样的属有 18 属，占除去世界分布属后总属的 5.33%。蔷薇科的石楠属 *Photinia*、壳斗科的锥属 *Castanopsis* 和金缕梅科的枫香属 *Liquidambar*、木犀科的木犀属 *Osmanthus* 等对于森林群落的构成有着一定的作用。鼠刺属 *Itea* 作为东亚—北美特有的单属科的属，石漠化中部山林中也较为常见，说明区域种子植物区系作为东亚区系的组成成分，与北美植物区系有重要的联系。

10. 旧世界温带分布属

旧世界温带分布主要是分布于欧洲、亚洲中高纬度温带、寒温带的属，有 8 属，占除去世界分布属后总属的 2.37%。该分布类型除了梨属 *Pyrus* 为木本属，其他水芹属 *Oenanthe*、川续断属 *Dipsacus*、天名精属 *Carpesium*、菊属 *chrysanthemum*、旋覆花属 *Inula*、益母草属 *Leonurus*、萱草属 *Hemerocallis* 都为草本属，水芹属和菊属较常见。

11. 温带亚洲分布属

温带分布是指仅限于分布在亚洲温带地区的属，该类型有 2 属，瓦松属 *Orostachys* 和马兰属 *Kalimeris*，占除去世界分布属的 0.59 %。

12. 地中海区、西亚至中亚分布属

地中海、西亚至中亚分布属是指分布于现代地中海周围，经过西亚或西南亚至苏联中亚和我国新疆、青藏高原及蒙古高原一带的属。该类型仅有 1 属，颠茄属 *Atropa*。

13. 东亚分布属

东亚分布的范围是指从东喜马拉雅一直分布到日本的属，该分布类型还有 2 个变型，中国—喜马拉雅分布和中国—日本分布类型。有 29 属，占除去世界分布属的 8.59%，比例相对较高。其中旌节花属 *Stachyurus*、檵木属 *Loropetalum*、吴茱萸属 *Evodia*、野鸦椿属 *Euscaphis*、南酸枣属 *Choerospondias*、化香树属 *Platycarya*、四照花属 *Dendrobenthamia* 等石灰岩山地乔木林中有一定比例，部分区域是乔木层的主要树种，其他属主要为草本和灌木种类。

14. 中国特有分布属

该类型主要是以云南或西南几省为中心，向东北、向东或向西北芳香辐射并逐渐减少，而主要分布于秦岭—山东以南的亚热带和热带地区，个别可以突破国界到邻近国家，如缅甸、朝鲜等。大致可分为西南、华中—东南、华南、华北和西北 5 个组。有 2 个中国特有属，都为苦苣苔科植物，分别为：石山苣苔属 *Petrocodon* 和报春苣苔属 *Primulina*，其中报春苣苔为国家一级保护植物。

（四）植物新种

在石漠化植被野外调查过程中，2019 年 5 月在乳源大桥镇发现植物新种 1 种，生长于石漠化溶洞洞口，命名为大桥珍珠菜 *Lysimachia daqiaoensis* G. D. Tang & R. Z. Huang（图 7-1、图 7-2）。

Type:—CHINA. Guangdong: Ruyuan County，daqiao Town，24°56'20.86"N， 113°

06'20.48" E，in a limestone cave，elev. ca. 480m， 14may 2019，*Guang-Da Tang*， *Rui-Zhou Huang*，*Miao Liao& Wei Han GD190501*（holotype CANT!; isotypes IBSC!）.

图 7-1　大桥珍珠菜 *Lysimachia daqiaoensis* G. D. Tang ＆ R. Z. Huang
（图片引自：Huang et al.，2020）

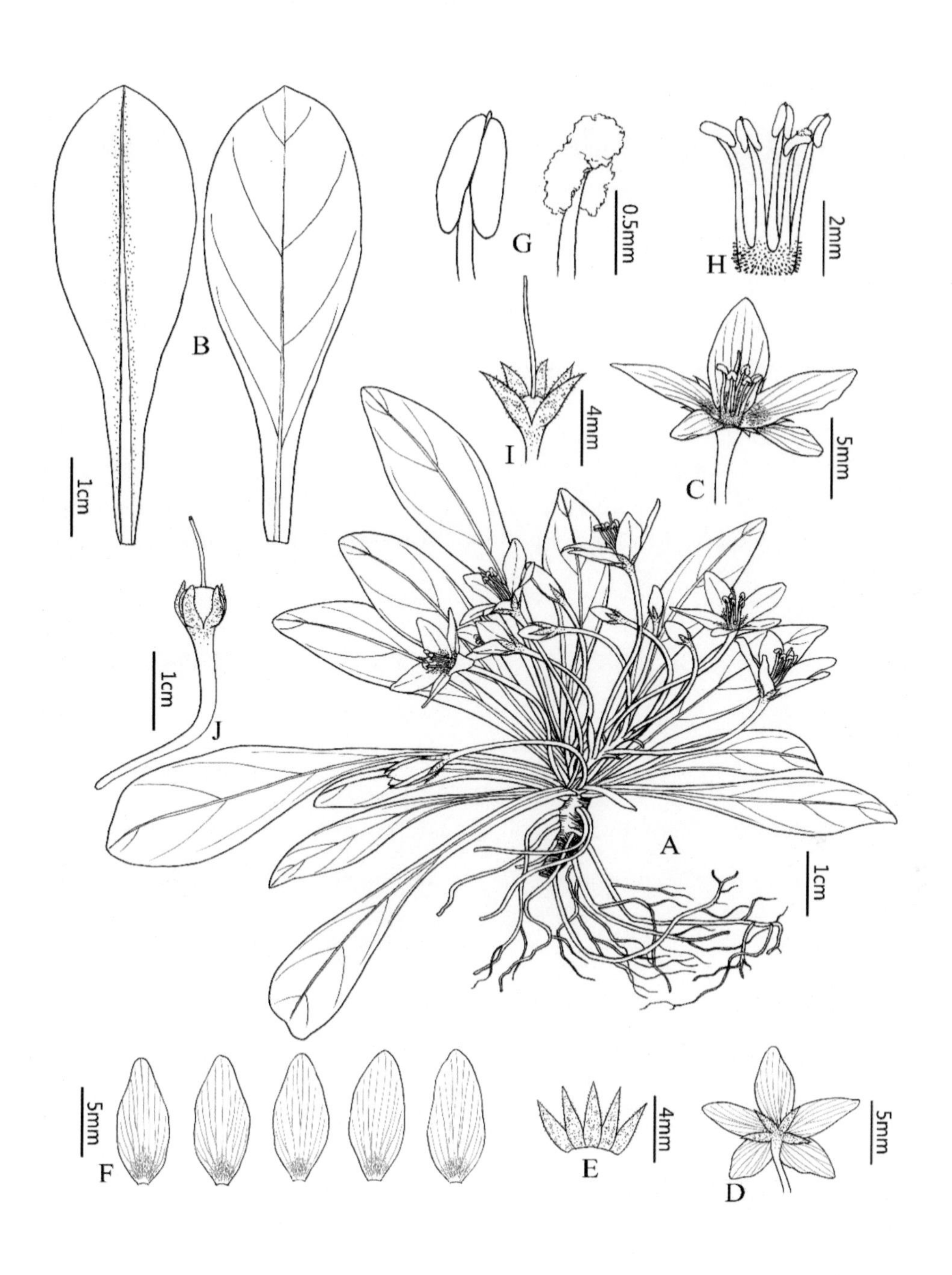

图 7-2 大桥珍珠菜 *Lysimachia daqiaoensis* G. D. Tang & R. Z. Huang
（图片引自：Huang et al.，2020）

第二节　石漠化植被样地多样性调查

一、群落样方概况

通过对广东阳山、连州、乳源、乐昌、怀集、肇庆和阳春等石灰岩地区进行野外实地踏查、标本采集和鉴定。并在清新、英德、阳山、乳源和乐昌 5 个县（市）石灰岩山地的设置了 11 个 1200m^2 的样地，具体位置和样地概况见表 7-6。每个样地设置 3 个 20m × 20m 的临时样方，记录样方内所有乔木的种名、胸径和树高；每个 20m × 20m 样地内设置 4 个 5m × 5m 的小样方，记录所有灌木的种名和株数，草本的种名和盖度，分别统计乔、灌、草层植物的重要值和物种多样性。

表 7-6　调查样地概况

样方号	群落类型	地点	纬度 N	经度 E	海拔 /m
1	常绿阔叶林	乐昌大富岗村	25°09′00.0″	113°04′00.0″	501
2	常绿阔叶林	乐昌大富岗村	25°09′00.0″	113°04′00.0″	501
3	常绿阔叶林	乳源下马村	25°01′52.3″	113°07′35.2″	735
4	常绿阔叶林	乳源上谢村	24°56′53.9″	113°09′16.3″	437
5	常绿阔叶林	阳山水头山村	24°28′54.8″	112°42′44.8″	335
6	常绿阔叶林	阳山水头山村	24°28′54.8″	112°42′44.8″	335
7	常绿阔叶林	英德更鼓村	24°24′22.7″	112°04′28.4″	424
8	常绿阔叶林	英德更鼓村	24°24′22.7″	112°04′28.4″	424
9	常绿阔叶林	清新大妙洞	24°16′05.1″	112°48′02.4″	423
10	常绿阔叶林	清新田旁村	24°15′30.0″	112°49′06.0″	302
11	常绿阔叶林	清新田旁村	24°15′30.0″	112°49′06.0″	302

二、样方群落物种组成

在 11 个 1200m^2 石漠化地区典型群落样方内，共记录了维管植物 476 种（包含变种、亚种和变形），隶属于 121 科 292 属（表 7-7）。其中蕨类植物 15 科 22 属 38 种，种子植物 106 科 270 属 438 种。种子植物中，裸子植物 4 科 4 属 5 种；双子叶植物 91 科 235 属 390 种；单子叶植物 11 科 31 属 43 种。外来植物 4 科 4 属 4 种。其中，被子植物的樟科、大戟科、蔷薇科、桑科和禾本科等类群的植物在石漠化区域植物群落中最为丰富。

表 7-7　广东石漠化地区群落样方内植物物种组成

类群	科数	属数	种数
蕨类植物	15	22	38
裸子植物	4	4	5
双子叶植物	91	235	390
单子叶植物	11	31	43
合计	121	292	476

（一）样方群落优势树种

1. 乔木层优势树种

在 11 个常绿阔叶林样方内，共记录了 148 种树种，胸径最大为 62.8cm，平均胸径为 10.9cm，乔木层平均高为 7.2m，密度为 1180 株 /hm^2。重要值大于 4 的乔木有 15 种（表 7-8），其中樟科有 5 种，在所调查的常绿阔叶林中占优势。重要值较高的 10 个树种中，桂花 *Osmanthus fragrans* 的重要值最高，其相对多度最高，相对频度中等，相对显著度较低，该物种在群落中个体较多，但大多数胸径较小。阴香 *Cinnamomum burmannii* 和青冈 *Cyclobalanopsis glauca* 的相对多度、相对显著度和相对频度均较大。木姜润楠 *Machilus litseifolia*、枫香 *Liquidambar formosana* 和苦槠 *Castanopsis sclerophylla* 均具有较高的相对显著度，但相对频度低，反映了该 3 种植物胸径较大，但个体较小，且分布不均匀。香叶树 *Lindera communis* 相对频度较大，相对多度和相对显著度中等，在群落中较为常见，但个体较小。

表 7-8　广东石漠化区域常绿阔叶林样方乔木层优势种

种名	学名	相对多度	相对显著度	相对频度	重要值
桂花	*Osmanthus fragrans*	14.66	2.60	1.51	18.78
阴香	*Cinnamomum burmannii*	7.75	7.93	2.64	18.33
青冈	*Cyclobalanopsis glauca*	6.33	9.59	1.89	17.81
木姜润楠	*Machilus litseifolia*	3.42	10.39	0.75	14.56
香叶树	*Lindera communis*	4.33	6.16	2.26	12.75
枫香	*Liquidambar formosana*	1.94	7.74	1.89	11.57
苦槠	*Castanopsis sclerophylla*	2.33	7.34	0.38	10.04
朴树	*Celtis sinensis*	2.33	3.14	3.02	8.49
罗浮锥	*Castanopsis faberi*	3.10	2.29	0.75	6.14
毛竹	*Phyllostachys edulis*	4.33	0.23	1.13	5.69
樟树	*Cinnamomum camphora*	0.78	3.37	1.51	5.66

续表

种名	学名	相对多度	相对显著度	相对频度	重要值
刨花润楠	*Machilus pauhoi*	1.10	3.58	0.75	5.44
小蜡	*Ligustrum sinense*	3.29	0.48	1.13	4.91
刺楸	*Kalopanax septemlobus*	1.16	2.23	1.13	4.53
南酸枣	*Choerospondias axillaris*	1.23	1.69	1.13	4.05

2. 灌木层优势树种

在样方内共记录了254种灌木层植物。重要值排在前15位的灌木中，有6种为乔木层的幼树。其中，桂花的相对多度和相对频度较高，说明桂花在群落样方内是重要的小乔木和灌木，个体较多；牛耳枫 *Daphniphyllum calycinum*、油茶 *Camellia oleifera*、朴树和阴香等树种的相对多度和相对频度也较高，重要值较大（表7-9）。群落内光线较好的区域有个体较多的红背山麻杆，还有一定数量的小芸木等植物。

表7-9　常绿阔叶林样方灌木层优势种

种名	学名	习性	相对多度	相对频度	重要值
桂花	*Osmanthus fragrans*	乔木	7.97	1.24	9.21
牛耳枫	*Daphniphyllum calycinum*	乔木	4.97	1.03	6.01
油茶	*Camellia oleifera*	乔木	4.49	1.24	5.73
朴树	*Celtis sinensis*	乔木	2.35	1.44	3.79
阴香	*Cinnamomum burmannii*	乔木	2.60	1.03	3.63
山指甲	*Ligustrum sinense*	灌木	2.37	1.24	3.61
台湾榕	*Ficus formosana*	灌木	2.40	0.82	3.23
驳骨九节	*Psychotria prainii*	灌木	2.80	0.41	3.21
栀子	*Gardenia jasminoides*	灌木	1.61	1.44	3.05
红背山麻杆	*Alchornea trewioides*	灌木	1.95	1.03	2.98
肖梵天花	*Urena lobata*	灌木	2.12	0.82	2.94
胡颓子	*Elaeagnus pungens*	灌木	1.22	1.44	2.66
小芸木	*Micromelum integerrimum*	乔木	1.33	1.24	2.57
苎麻	*Boehmeria nivea*	灌木	1.33	1.03	2.36
竹叶花椒	*Zanthoxylum armatum*	灌木	1.38	0.82	2.21

3. 草木层优势种

在样方内共记录了188种草木层植物。重要值排在前15位的草本和藤本植物，紫金牛 *Ardisia japonica*、浆果薹草 *Carex baccans* 和华南毛蕨 *Cyclosorus parasiticus* 的相对多度较高（表7-10），但相对频度较低，这些种类在群落内数量较多，但分布不均匀。

山蒟 *Piper hancei* 和江南星蕨 *Neolepisorus fortunei* 的相对多度和相对频度均较高，尤其在郁闭度较高的森林群落内，成片分布。络石 *Trachelospermum jasminoides* 在林内石灰岩岩壁上也成片分布，但分布也不均匀。

表 7-10　常绿阔叶林样方草本层优势种

种名	学名	习性	相对多度	相对频度	重要值
紫金牛	*Ardisia japonica*	草本	10.97	0.59	11.56
浆果薹草	*Carex baccans*	草本	9.49	0.59	10.06
山蒟	*Piper hancei*	藤本	7.56	1.76	9.32
华南毛蕨	*Cyclosorus parasiticus*	草本	6.22	0.59	6.81
江南星蕨	*Neolepisorus fortunei*	草本	4.25	1.18	5.42
阔叶山麦冬	*Liriopemuscari*	草本	4.51	0.88	5.39
络石	*Trachelospermum jasminoides*	藤本	2.46	2.65	5.11
弓果黍	*Cyrtococcum patens*	草本	4.23	0.59	4.82
山麦冬	*Liriope spicata*	草本	1.93	2.65	4.58
刚莠竹	*Microstegium ciliatum*	草本	3.40	0.59	3.99
粗叶悬钩子	*Rubus alceifolius*	藤本	1.86	1.47	3.33
花葶薹草	*Carex scaposa*	草本	2.40	0.59	2.99
海金沙	*Lygodium japonicum*	草本	0.61	2.35	2.96
箬竹	*Indocalamus tessellatus*	草本	2.52	0.29	2.82
肾蕨	*Nephrolepis cordifolia*	草本	2.12	0.59	2.70

（二）其他未设样方植被

通过踏查对清远阳山、英德、韶关乳源和乐昌等区域的石漠化植被进行线路调查，根据《广东植被》对广东省植被分区的划分，还包括以下植被类型，任豆林、麻楝林、圆叶乌桕林、朴树林等。成熟的任豆林和石灰岩中下坡有一定面积的其他常绿阔叶林，石灰岩下坡周围受人为经营的影响较大。主要植被群从特征概述如下。

1. 任豆—继木—芒草 + 肾蕨群丛

本群从主要分布在靠近村旁的区域，任豆是石灰岩速生树种之一，对石灰岩生境适应能力强，生长快，萌生能力也较强。林分郁闭度约 0.6，乔木层高度约 9m，主要树种为任豆，少量阴香、粗糠柴和圆叶乌桕植株也在乔木层有分布；灌木植物主要为檵木，还有红背山麻秆、穿破石等也较为常见；草本层芒草 *Miscanthus sinensis*、肾蕨 *Nephrolepis cordifolia* 最多，还有山麦冬 *Liriope spicata*、细梗薹草 *Carex teinogyna*、弓果黍 *Cyrtococcum patens*、江南卷柏 *Selaginella moellendorffii* 等，藤本植物有络

石 *Trachelospermum jasminoides* 最为丰富，匍茎榕 *Ficus sarmentosa*、高粱泡 *Rubus lambertianus* 等呈聚集状分布，分布不均匀。此外还有少量八角枫 *Alangium chinense*、翻白叶 *Pterospermum heterophyllum* 以及阴香等乔木幼苗。

2. 朴树＋圆叶乌桕＋粗糠柴—牡荆—肾蕨群丛

本群从主要分布于石灰岩山体中下坡，在阳山青莲、杜步东山周围有较为成片的分布。乔木层主要树种为朴树、圆叶乌桕、粗糠柴、麻楝、南酸枣等，林分平均高度约12.0m，郁闭度较高约0.7，林分靠近村庄，少量人工种植的黄皮 *Clausena lansium*、香椿 *Toona sinensis* 等在乔木下层有分布。灌木层分布有豆叶九里香 *Murraya euchrestifolia*、九里香 *Murraya exotica*、檵木 *Loropetalum chinense*、黄荆 *Vitex negundo* 等。草本层有异叶鳞始蕨 *Lindsaea heterophylla*、肾蕨 *Nephrolepis cordifolia*、半边旗 *Pteris semipinnata*、毛果巴豆 *Croton lachnocarpus*、香港大沙叶 *Pavetta hongkongensis* 等。藤本植物有金樱子 *Rosa laevigata*、龙须藤 *Bauhinia championii*、华南云实 *Caesalpinia crista*、刺果藤 *Byttneria grandifolia* 等。

3. 南酸枣＋八角枫—九里香＋聚花海桐—南星蕨群丛

此类群落在连南、阳山、乐昌等区域部分乡村背后风水林内较多。乔木层平均高12m，乔木层最常见的树种为南酸枣，还有少量白花泡桐 *Paulownia fortunei* 等大乔木，八角枫 *Alangium chinense*、广东琼楠 *Beilschmiedia fordii*、美丽新木姜 *Neolitsea pulchella*、杨梅叶蚊母树 *Distylium myricoides* 等在乔木层下层也较常见；灌木层有疏花卫矛 *Euonymus laxiflorus*、罗伞树 *Ardisia quinquegona*、雀梅藤 *Sageretia thea* 等；草本层有在石壁上成片生长的江南星蕨 *Neolepisorus fortunei*、麦冬 *Ophiopogon japonicus*、广东沿阶草 *Ophiopogon reversus*、石山苣苔 *Petrocodondealbatus*、垫状卷柏 *Selaginella pulvinata* 等。藤本植物非常发达，主要种类为刺果藤 *Byttneria grandifolia*、天香藤 *Albizia corniculata*、老虎刺 *Pterolobium punctatum*、厚果崖豆藤 *Millettia pachycarpa* 等，少量小果微花藤 *Iodes vitiginea*、小叶买麻藤 *Gnetum parvifolium* 和小花青藤 *Illigera parviflora*、无柄五层龙 *Salacia sessiliflora*、大百部 *Stemona tuberosa* 等也在林中分布。

4. 麻楝＋假苹婆—假鹰爪＋红背山麻杆—弓果黍群丛

在怀集、乐昌、阳山、英德石漠化区域村边常见，乔木层主要为麻楝和假苹婆，也有部分任豆、朴树等植株，郁闭度约0.6，灌木层种类有蔓胡颓子 *Elaeagnus glabra*、雀梅藤 *Sageretia thea*、九里香 *Murraya exotica* 等，草本层有弓果黍 *Cyrtococcum patens*、紫麻 *Oreocnide frutescens*、纤穗爵床 *Leptostachya wallichii*、山麦冬 *Liriope spicata* 等。

第三节　广东石漠化地区珍稀及特有植物

根据国务院1999年批准公布的《国家重点保护野生植物》名录（第一批），以及近年来研究人员在广东石漠化区域发现的新种和新记录种，初步统计广东石漠化区域有国家Ⅰ级重点保护野生植物共 2 科 2 属 2 种，南方红豆杉和报春苣苔；珍稀濒危植物 1 科 1 属 1 种，福建观音坐莲；3 种受《濒危野生动植物种国际贸易公约》附录Ⅱ保护的兰科植物，芳香石豆兰、鹅毛玉凤花和苞舌兰。还有 22 种石灰岩特有植物，其中有 12 种为广东省特有植物，目前仅在广东阳山及其周围石灰岩山区有发现。戟羽耳蕨为 2017 年在发表的新种，发现于韶关罗坑一石灰岩洞穴，随后在阳山河坪村旁的大洞穴里也发现该物种的居群；清远报春苣苔为 2013 年发表的新种，在阳山大里村旁石壁发现，阳山报春苣苔为 2015 年发表的新种，在阳山青莲镇水坝旁的水渠旁边发现。近年来，每年都有新物种或者新分布种在广东石漠化区域被发现和记录，集中在蕨类植物铁角蕨科、鳞毛蕨科，被子植物中，目前广东省新物种和新纪录发现最多的为苦苣苔科，每年都有未知物种被发现。

部分广东省石漠化地区珍稀濒危和特有植物介绍如下。

1. 福建观音座莲 *Angiopteris fokiensis* Hieron.

植株高大，高 1.5m 以上。根状茎块状，直立，下面簇生有圆柱状的粗根。叶柄粗壮，干后褐色，长约 50cm，粗 1~2.5cm。叶片宽广，宽卵形；羽片 5~7 对，互生，长 50~60cm，宽 14~18cm，狭长圆形，基部不变狭，羽柄长约 2~4cm，奇数羽状；小羽片 35~40 对，对生或互生，平展，上部的稍斜向上，具短柄，叶缘全部具有规则的浅三角形锯齿；叶脉开展，下面明显。孢子囊红棕色，长圆形，彼此接近，由 8~10 个孢子囊组成。

图 7-3　福建观音座莲

生于石灰岩林地沟谷阴湿处；阳山等地可见。

2. 铁线蕨 *Adiantum capillus-veneris* L.

植株高 15~40cm。根状茎细长横走，密被棕色披针形鳞片。叶远生或近生；柄长 5~20cm，粗约 1mm，纤细，叶片卵状三角形，长 10~25cm，宽 8~16cm，尖头，基部楔形，中部以下多为二回羽状，中部以上为一回奇数羽状；羽片 3~5 对，互生，斜向上，有柄，基部一对较大，一回（少二回）奇数羽状，侧生末回小羽片 2~4 对，互生，斜向上，具 2~4 浅裂或深裂成条状的裂片；叶轴、各回

图 7-4　铁线蕨

羽轴和小羽柄均与叶柄同色，往往略向左右曲折。孢子囊群每羽片3~10枚；囊群盖长形、长肾形成圆肾形；孢子周壁具粗颗粒状纹饰。

常生于流水溪旁石灰岩上或石灰岩洞底和滴水岩壁上，为钙质土的指示植物；阳山、乳源等地常见。

3. 白垩铁线蕨 *Adiantum gravesii* Hance

植株高4~14cm。根状茎短小，直立，被黑色钻状披针形鳞片。叶簇生；柄长2~6cm，纤细，栗黑色，有光泽，光滑；叶片长圆形或卵状披针形，长3~6cm，宽2~2.5cm，奇数一回羽状，羽片2~4对，互生，斜向上，相距1~2cm；羽片阔倒卵形或阔卵状三角形，长宽各约1cm，圆头，中央具1浅阔缺刻，全缘，基部圆楔形，长可达3mm，柄端具关节。叶脉二歧分叉，直达软骨质的边缘，两面均可见。孢子囊群每羽片1枚；囊群盖肾形或新月形。

图7-5　白垩铁线蕨

群生于湿润的岩壁、石缝或山洞中的白垩土上，英德、阳山和乳源石灰岩山石缝偶见。

4. 粤铁线蕨 *Adiantum lianxianense* Ching et Y. X. Lin

植株高5~7cm。根状茎短而直立，被黑色披针形鳞片。叶簇生；柄长2~3cm，细如发丝，栗黑色，略有光泽，光滑；叶片长圆形，长3~5cm，宽1~1.5cm，一回奇数羽状；羽片3~4对，互生。叶脉简单，自基部发出4条分叉小脉，两面均可见；孢子囊群每羽片1枚；囊群盖肾形或椭圆形，棕色。

图7-6　粤铁线蕨

群生于石灰岩上湿地或钙质土上，乳源和连县石灰岩石缝中偶见。

5. 北京铁角蕨 *Asplenium pekinense* Hance

植株高8~20cm。根茎短而直立，顶端密被鳞片。叶簇生；叶柄长2~4cm，淡绿色，下部疏被鳞片；叶片披针形，长6~12cm，中部宽2~3cm，二回羽状或三回羽裂，羽片9~11对，下部羽片略短，较疏离，对生，向上的互生，柄极短，中部羽片三角状椭圆形，长1~2cm，宽0.6~1.3cm，尖头，基部不对称，一回羽状，小羽片2~3对，上先出，基部上侧1片椭圆形，基部与羽轴合生，羽状深裂，裂片3~4片，叶脉明显，上面隆起，小脉2叉分枝；孢子囊群近椭圆形，长1~2mm，每小羽片有1~2枚，位于小羽片中部，成熟后密被小羽片下面；囊群盖同形，开向羽轴或主脉。

生于岩石上或石缝中，广东乳源石灰岩石缝中偶见。

图7-7 北京铁角蕨

6. 石生铁角蕨 *Asplenium saxicola* Rosent.

植株高20~50cm。根茎短，密被鳞片。叶近簇生；叶柄长10~22cm，灰禾秆色，基部密被鳞片，上面有纵沟；叶片宽披针形，长12~28cm，基部宽5~11cm，先端渐尖并羽状，裂片少数，顶生1片多数三叉状，向下为一回羽状，羽片5~12对，下部的对生，向上的互生；孢子囊群窄线形，单生小脉上侧或下侧，每裂片3~6枚，近扇状排列。

散生于石灰岩林下石缝中，广东翁源、阳山、英德等石灰岩山地偶见。

图7-8 石生铁角蕨

7. 粗脉耳蕨 *Polystichum crassinervium* Ching ex W. M. Chu et Z. R. He

叶少数簇生，叶片狭长椭圆披针形，一回羽状；羽片20~50对，互生或近对生，矩圆形，边缘有少数波状浅齿；叶脉羽状，大多二叉状，少见单一的侧脉；孢子囊群在羽片主脉两侧各有1行，上侧较多；囊群盖棕色，边缘浅啮蚀状。

特产于石灰岩石缝；广东连州、连南等地有分布。

图7-9 粗脉耳蕨

8. 戟羽耳蕨 *Polystichum hastipinnum* G. D. Tang & Li Bing Zhang

多年生常绿植物；根状茎短而直，根状茎和基部密被棕色鳞片；叶近倒披针形，先端羽状渐尖，一回羽状，羽片18~36对，互生或部分基部对生，无柄或具短柄；斜方形或斜方长圆形，边缘有锯齿，纸质，羽片基部耳状凸起与叶轴成60°~90°的角；叶脉羽状，背面明显凸起；孢子囊群圆形，着生于小脉顶端，囊群盖小，膜质，棕色，成熟时掉落。

特产于石灰岩溶洞内：广东韶关（罗坑）首次发现。

图 7-10　戟羽耳蕨 *Polystichum hastipinnum* G. Tang & Li Bing Zhang
（图片引自：Tanget al.，2017）

9. 南方红豆杉 *Taxus wallichiana* var. *mairei*（Lemee & H. Léveillé）L. K. Fu & Nan Li

高大乔木，树皮纵裂；叶条形，螺旋状着生，基部扭转排成二列，多呈弯镰状，上部常渐窄，先端渐尖，中脉带明晰可见，叶内无树脂道；雌雄异株，球花单生叶腋；种子通常较大，微扁，多呈倒卵圆形，成熟时假种皮红色，种脐常呈椭圆形。

图 7-11　南方红豆杉

散生于石灰岩山区中下坡林地，村边等；广东连州、阳山、乳源等地偶见。

10. 大桥虎耳草 *Saxifraga daqiaoensis* F. G. Wang et F. W. Xing

多年生草本，根状茎较短，茎无毛；叶基生，叶柄无毛；叶片盾状着生，肾形至圆形，革质，先端钝，基部稍心形，边缘疏被锯齿或近全缘，正面稀生硬毛，背面无毛，具紫褐色斑点；圆锥状聚伞状花序，具 17~27 朵花；花瓣 5 枚，白色，其中 3 枚较小，三角状卵形；另 2 枚较长，条形；花丝棒状；心皮 2 枚，

图 7-12　大桥虎耳草

中下部合生；花柱 2 枚，叉开。

特产于广东乳源和阳山，生于石灰岩阴湿石缝、石壁，种群小，急需保护。

11. 浅裂报春苣苔 *Primulina lobulata*（W. T. Wang）Mich. Möller & A. Weber

多年生小草本；根状茎长约 8mm，顶端直径约 4mm。叶 8~11 枚，均基生，具长柄；叶片薄草质，心状圆形或心形，长 2~3cm，宽 2.5~3.8cm，顶端钝，基部心形，边缘浅裂。花序 1~4 条，长 1.8~2.8cm，2 回分枝，每花序约有 7 花；花序梗长 6~10cm，纤细，疏被短柔毛；苞片 2，对生；花梗长 4~6cm。花萼 5 裂达基部，裂片线状披针形。花冠白色，长约 7.8cm，外面疏被短柔毛，内面无毛；筒长约 5cm；上唇二浅裂，下唇三裂近中部，裂片卵形。雄蕊无毛，退化雄蕊 1，位于后（上）方中央，无毛。花盘环状，在后面中断。子房卵球形。花期 6 月。

图 7-13　浅裂报春苣苔

生于石灰岩石缝中，特产于广东阳山，稀少。

12. 封开报春苣苔 *Primulina fengkaiensis* Z. L. Ning & M. Kang

图 7-14　封开报春苣苔 *Primulina fengkaiensis* Z. L. Ning & M. Kang
（图片引自：Ningetal.，2015）

多年生草本，根状茎近圆形；叶片椭圆形到椭圆形披针形，不对称，边缘有锯齿，叶面具短柔毛，背面贴伏短柔毛，叶柄贴伏短柔毛，侧脉 5~7 条；聚伞花序，花冠淡紫色，内有紫色斑纹和紫色条纹，雄蕊 2，贴生于花冠筒基部上方；子房和花柱密被柔毛；柱头 2 裂；蒴果被短柔毛。

广东封开，特产于石灰岩石壁。

13. 怀集报春苣苔 *Primulina huaijiensis* Z. L. Ning & J. Wang

多年生草本，根状茎圆筒状；叶基生，叶柄长具短柔毛，叶片肉质，先端圆形或钝，基部心形或深心形，边缘具圆齿，正面密被短柔毛，背面无毛，掌状脉 5~7，两侧明显突出；聚伞花序，1~3 回分枝，花 3~15 朵；花萼深裂近基部，具短柔毛；花冠白色，斜钟状，背面肿胀；外面疏生腺状短柔毛，内部无毛；正面唇明显 2 裂，背面 3 浅裂；能育雄蕊 2；雌蕊内藏，子房宽卵形；蒴果线形。

广东肇庆，特产于石灰岩石壁。

图 7-15　怀集报春苣苔 *Primulina huaijiensis* Z. L. Ning & J. Wang
（图片引自：Ninget al.，2013）

14. 乐昌报春苣苔 *Primulina lechangensis* X. Hong，F. Wen & S. B. Zhou

多年生草本，根状茎节间不明显；叶基部对生，叶柄短，具短柔毛；叶片稍斜，卵形到椭圆形，先端锐尖到钝，边缘具褶皱，基部楔形，正面贴伏被微柔毛，背面密被柔毛；侧脉每边 3~4 条；聚伞花序腋生，花通常 4 朵，花萼深裂至基部，外面背微柔毛；花冠白色、淡紫色到蓝紫色，带紫红色线条；可育雄蕊 2，退化 3 枚，雌蕊与花冠筒近等长，柱头 2 裂；蒴果线形。

广东韶关（乐昌），特产于广东北部石灰岩石壁。

图 7-16　乐昌报春苣苔 *Primulina lechangensis* X. Hong，F. Wen & S. B. Zhou（图片引自：Zhou et al.，2014）

15. 马坝报春苣苔 *Primulina mabaensis* K. F. Chung & W. B. Xu

多年生草本，根状茎近圆柱形；叶基生，6~13片，叶柄长，具短柔毛；叶卵形至椭圆形，两面具毛，边缘有锯齿，侧脉每边3~5条；聚伞花序腋生，1~2回分枝，有花4~10朵；苞片2，对生，全缘；花萼5开裂至基部，两面具毛；花冠白色，内外被柔毛，二唇形，上唇二裂，下唇三裂；能育雄蕊2，退化雄蕊3，雌蕊长2.0~2.5cm，子房狭卵球形，柱头2裂；蒴果狭椭圆形，具短柔毛。

广东韶关（马坝）；石灰岩地区特产。

图7-17 马坝报春苣苔 *Primulina mabaensis* K.F. Chung & W.B. Xu
（图片引自：Chung et al.，2013）

16. 马氏报春苣苔 *Primulina maciejewskii* F. Wen，R. L. Zhang & A. Q. dong

多年生草本，根状茎近圆柱形；叶 4~15（28）片，基生，叶柄圆柱状，被微柔毛，叶圆形或宽卵形，开裂，裂片叶宽卵形，两面被微柔毛，沿叶脉毛更密集；伞形花序成对着生，腋生，含 1~3（8）聚伞花序中，每个聚伞花序具有 1~2（4）个分枝，每株具花 4~20 朵或更多；苞片 3，侧面两个相对；花冠白色、亮红色喉部，有紫色条纹或斑点，条纹上有短腺毛；二唇形，上唇二列至中部，下唇三裂至基部，能育雄蕊 2，雌蕊长 8mm；子房卵球形，密被微柔毛，柱头 2 裂；蒴果椭圆形。

广东阳山；特产于广东北部石灰岩石壁。

图 7-18　马氏报春苣苔 *Primulina maciejewskii* F. Wen，R. L. Zhang & A. Q. dong（图片引自：Zhang et al.，2016）

17. 莫氏报春苣苔 *Primulina moi* F. Wen & Y. G. Wei

多年生草本植物，茎近圆柱形，直立，长2~4cm，光滑。叶基生，7~8片，叶柄扁平，被短柔毛，最长可达10cm；叶纸质，长圆形，长卵圆形，最长可达25cm，最宽15cm，顶端尖，基部楔形，下延呈翅状，边缘具明显的钝锯齿，叶脉不清晰，约7~9对侧脉。聚伞花序4~6个分枝，有花15~25朵；花梗长可达20cm，密被柔毛，苞片2，对生，线形；花梗长1.2~2.5cm，密被柔毛，花萼深裂至基部，5裂；花冠长2.2~3.9cm，金黄色至深黄色，橙色到橙红色，花冠筒内部和中裂片唇部具有橙红色或黄褐色斑纹。蒴果窄卵形。

产广东北部和广西中部。

图7-19　莫氏报春苣苔 *Primulina moi* F. Wen & Y. G. Wei
（图片引自：Zhou et al.，2015）

18. 彭氏报春苣苔 *Primulina pengii* W. B. Xu & K. F. Chung

多年生草本，根状茎近圆柱形；叶基生，4~6 片，叶柄扁平；叶肉质，卵形到宽卵形，先端钝，边缘有浅锯齿，表面具毛，侧脉每边 4~6 条；聚伞花序 1~2 回分枝，有花 4~12 朵；苞片对生，心形；花萼 5 开裂至基部，两面具毛；花冠白色，内外被柔毛，内部具 2 条淡紫色条纹，二唇形；能育雄蕊 2，退化雄蕊 3，子房密被柔毛，柱头 2 裂；蒴果线形。

特产于广东乳源石灰岩石壁。

图 7-20　彭氏报春苣苔 *Primulina pengii* W. B. Xu & K. F. Chung.
（图片引自：Guo et al.，2015）

19. 清远报春苣苔 *Primulina qingyuanensis* Z. L. Ning & Ming Kang

多年生草本，根状茎圆柱形；叶基生，7~16 片，叶柄 1.5~3cm，被短柔毛；叶肉质，叶片卵形或宽卵形，通常镰刀形，边缘具不规则褶皱和锯齿，两面密被腺毛；聚伞花序 1~3 回分枝，有花 3~9 朵；苞片 2，对生，倒披针形；花萼 5 开裂至基部，两面具毛；花冠略带紫色，外具短柔毛，内部无毛，二唇形，上唇二裂至花冠 1/4~1/3，下唇三列至基部 1/3~2/5；能育雄蕊 2，退化雄蕊 2，子房线性密被短柔毛，柱头先端 2 裂；蒴果线形。

广东清远（清新）；特产于广东中北部石灰岩石缝。

图 7-21 清远报春苣苔 *Primulina qingyuanensis* Z. L. Ning&Ming Kang
（图片引自：Ning et al.，2013）

20. 阳山报春苣苔 *Primulina yangshanensis* W. B. Xu & B. Pan

多年生草本，根状茎近圆柱形；叶4~6片，基生，叶柄扁平；叶片纸质，卵形到宽卵形，边缘有锯齿，两面被短柔毛；侧脉每边2~3条；聚伞花序1~2回分枝，有花4~8朵，花冠淡紫色，两面具毛；花冠筒白色；二唇形，上唇二列至基部，下唇三裂基部；雄蕊2，退化雄蕊3，子房密被微柔毛，柱头先端2裂；蒴果线形。

特产于广东阳山石灰岩石壁。

图7-22 阳山报春苣苔 *Primulinayangshanensis* W. B. Xu & B. Pan.
（图片引自：Guo et al.，2015）

21. 英德报春苣苔 *Primulina yingdeensis* Z. L. Ning，M. Kang & X. Y. Zhuang

多年生草本，匍匐茎，根状茎近圆柱形；叶15~18片；叶片卵形或卵形椭圆形，背面密被贴伏白色短柔毛，正面密被长绒毛和短柔毛，基部楔形，边缘常有锯齿先端锐尖或圆形；侧脉每边5~7条；聚伞花序1~2回分枝，有花4~16朵；花萼5，绿色先端紫色；花冠白色，喉部有2个脊状黄色腺体；二唇形，上唇二裂，下唇三裂；雄蕊2，背面密被长柔毛，退化雄蕊3，无毛；子房线形，被微柔毛；柱头2裂；蒴果线形。

特产于广东英德石灰岩石缝中。

图7-23　英德报春苣苔 *Primulina yingdeensis* Z. L. Ning，M. Kang & X. Y. Zhuang（图片引自：Ning et al.，2016）

22. 报春苣苔 *Primulina tabacum* Hance

图 7-24　报春苣苔

多年生草本，有菸草气味；叶均基生，具长或短柄；叶片圆卵形或正三角形，顶端微尖，基部浅心形，边缘浅波状或羽状浅裂，裂片扁正三角形，两面均被短柔毛，下面有腺毛；叶柄扁平，边缘有波状翅；聚伞花序伞状；花冠紫色，内外均被短柔毛。蒴果长椭圆球形。

广东北部、广西东北部和湖南南部；特产于石灰岩山地石壁，属于国家I级保护植物。

23. 大桥珍珠菜 *Lysimachia daqiaoensis* G. D. Tang & R. Z. Huang

图 7-25　大桥珍珠菜

多年生草本，直立，全株无毛，茎短，不到 1cm，密被白色或棕色晶体，无匍匐茎；叶莲座状着生，叶柄长 0.6~2.5cm，叶片基部下延，呈翅状，叶椭圆状长圆形至长披针形，2.5~12cm × 1.2~3.5cm，两面被白色或棕色晶体，全缘，边缘略反卷，顶端具短尖头或钝；叶脉 2~4 对，两面均不突出，小脉在上面不清晰。总状花序，约 8 朵花，偶有少量单花，腋生。花梗长 1.6~2.5cm，密被白色或棕色晶体；花苞片线形，长 3~5cm，通常着生于花梗基部，花萼长约 4mm，深裂至基部，裂片长三角形，密被晶体。花冠黄色，深裂至基部，裂片 5，覆瓦状排列，披针形至椭圆形，长 7~9mm，宽约 3mm，顶端钝或凹陷，光滑，基部有红色斑点；雄蕊 5，花丝长约 5mm，基部连生成环状，花药长约 0.8mm，背着，纵裂；雌蕊长约 6mm，光滑，子房近球形，果期花萼和花柱宿存。果实成熟时果梗弯曲，伸长，将果实插入邻近石缝中。花期 4~5 月，果期 7~9 月。

本次调查发现的新种，目前仅存于广东乳源大桥一溶洞口。

24. 岩上珠 *Clarkella nana* Hook. f.

矮小草本，块根长球形；叶对生，同对叶一大一小，叶片膜质或薄纸质，卵形，全缘，两面近无毛或被粉状柔毛；侧脉每边4~8条；花序梗有花3~10余朵，花冠白色，被柔毛；果干燥，不裂，倒圆锥形，具5~7棱，花萼宿存。

产于我国西南部至南部；主要分布于石灰岩阴湿处的石缝和石壁。

图 7-26　岩上珠

25. 肉叶鞘蕊花 *Coleus carnosifolins* (Hemsl.) Dunn

多年生肉质草本，高约30cm，茎多分枝，叶肉质，宽卵形或近圆形，宽1.2~3.5cm，先端钝或圆，基部平截或圆，稀楔形，疏生圆齿或浅波状圆齿，两面疏被毛及红褐色腺点；叶柄长1.2~3.5cm，稀具翅。轮伞花序具多花，组成顶生圆锥花序，长达18cm，密被微柔毛，花序梗短；苞片倒卵形。花冠淡紫色，长约1.2cm，冠筒骤外弯，喉部径达2.5mm，上唇4浅裂，下唇全缘，伸长；花丝基部稍合生。花期9~10月，果期10~11月。

群生于石灰岩岩壁；在广东阳山、连县等地偶见。

图 7-27　肉叶鞘蕊花

附录：广东省石漠化地区植物名录（初步调查和统计）

本名录共收录维管植物 143 科 2 亚科 401 属 637 种。

其中蕨类植物 22 科 30 属 58 种；裸子植物 3 科 3 属 3 种；双子叶植物 101 科 295 属 479 种；单子叶植物 17 科 2 亚科 73 属 97 种。

名录中植物种名前有“*”者，表示该植物为当地的栽培种。

名录中植物的科的排列，蕨类植物按秦仁昌系统（1978），并参考《中国蕨类植物科属志》所作的修订；裸子植物按郑万钧系统（1979）；被子植物按哈钦松系统（1926，1934）。属和种的排列按拉丁文顺序。

I. 蕨类植物门 Pteridophyta

P.3 石松科 Lycopodiaceae

垂穗石松 *Palhinhaea cernua*（L.）Vasc. et Franco

P.4 卷柏科 Selaginellaceae

二形卷柏 *Selaginella biformis* A. Braun ex Kuhn

蔓出卷柏 *Selaginella davidii* Franch.

薄叶卷柏 *Selaginella delicatula*（Desv.）Alston

深绿卷柏 *Selaginella doederleinii* Hieron.

小叶卷柏 *Selaginella minutifolia* Spring

伏地卷柏 *Selaginella nipponica* Franch. et Sav.

垫状卷柏 *Selaginella pulvinata*（Hook. et Grev.）Maxim

翠云草 *Selaginella uncinata*（Desv.）Spring

瓦氏卷柏 *Selaginella wallichii*（Hook. et Grev.）Spring

P.6 木贼科 Equisetaceae

木贼 *Equisetum hyemale* L.

P.11 观音座莲科 Angiopteridaceae

福建观音座莲 *Angiopteris fokiensis* Hieron.

P.15 里白科 Gleicheniaceae

芒萁 *Dicranopteris pedata*（Houtt.）Nakaike

P.17 海金沙科 Lygodiaceae

海金沙 *Lygodium japonicum*（Thunb.）Sw.

小叶海金沙 *Lygodium microphyllum*（Cavanilles）R. Brown

P.23 鳞始蕨科 Lindsaeaceae

团叶鳞始蕨 *Lindsaea orbiculata*（Lam.）Mett. ex Kuhn

乌蕨 *Odontosoria chinensis* J. Sm.

P.26 蕨科 Pteridiaceae

蕨 *Pteridium aquilinum* var. *latiusculum*（Desv.）Underw. ex Heller

P.27 凤尾蕨科 Pteridaceae

岩凤尾蕨 *Pteris deltodon* Bak.

剑叶凤尾蕨 *Pteris ensiformis* Burm.

井栏边草 *Pteris multifida* Poir.

栗柄凤尾蕨 *Pteris plumbea* Christ

半边旗 *Pteris semipinnata* L. Sp.

蜈蚣草 *Pteris vittata* L.

P.30 中国蕨科 Sinopteridaceae

隐囊蕨 *Cheilanthes nudiuscula* T. Moore

野鸡尾 *Onychium japonicum*（Thunb.）Kze.

P.31 铁线蕨科 Adiantaceae

条裂铁线蕨 *Adiantum capillus-veneris* L. f. *dissectum*（Mart. et Galeot.）Ching

铁线蕨 *Adiantum capillus-veneris* L.

鞭叶铁线蕨 *Adiantum caudatum* L.

扇叶铁线蕨 *Adiantum flabellulatum* L. Sp.

白垩铁线蕨 *Adiantum gravesii* Hance

粤铁线蕨 *Adiantum lianxianense* Ching et Y. X. Lin

假鞭叶铁线蕨 *Adiantum malesianum* Ghat.

P.36 蹄盖蕨科 Athyriaceae

阔片短肠蕨 *Diplazium matthewii*（Copel）C. Chr.

P.37 肿足蕨科 Hypodematiaceae

肿足蕨 *Hypodematium crenatum*（Forssk.）Kuhn

P.38 金星蕨科 Thelypteridaceae

渐尖毛蕨 *Cyclosorus acuminatus*（Houtt.）Nakai

华南毛蕨 *Cyclosorus parasiticus*（L.）Farw.

P.39 铁角蕨科 Aspleniaceae

北京铁角蕨 *Asplenium pekinense* Hance

长叶铁角蕨 *Asplenium prolongatum* Hook.

石生铁角蕨 *Asplenium saxicola* Rosent.

半边铁角蕨 *Asplenium unilaterale* Lam.

P.42 乌毛蕨科 Blechnaceae

乌毛蕨 *Blechnum orientale* L.

狗脊 *Woodwardia japonica*（L. F.）Sm.

P.45 鳞毛蕨科 Dryopteridaceae

镰羽贯众 *Polystichum balansae* Christ

贯众 *Cyrtomium fortunei* J. Sm.

阔羽贯众 *Cyrtomium yamamotoi* Tagawa

粗脉耳蕨 *Polystichum crassinervium* Ching ex W. M. Chu

戟羽耳蕨 *Polystichum hastipinnum* G. D. Tang et Li Bing Zhang

P.46 三叉蕨科 Aspidiaceae

毛叶轴脉蕨 *Tectaria devexa* Copel.

亮鳞肋毛蕨 *Ctenitis subglandulosa*（Hance）Ching

大齿叉蕨 *Tectaria coadunata*（Wall. ex Hook. et Grev.）C. Chr.

P.50 肾蕨科 Nephrolepidaceae

肾蕨 *Nephrolepis cordifolia*（Linnaeus）C. Presl

P.56 水龙骨科 Polypodiaceae

矩圆线蕨 *Leptochilus henryi*（Baker）X. C. Zhang

抱石莲 *Lemmaphyllum drymoglossoides*（Bak.）Ching
江南星蕨 *Neolepisorus fortunei*（T. Moore）Li Wang
相近石韦 *Pyrrosia assimilis*（Baker）Ching

P.57 槲蕨科 Drynariaceae

崖姜 *Aglaomorpha coronans*（Wallich ex Mettenius）Copeland

II. 种子植物门 Spermatophyta

一、裸子植物亚门 Gymnospermae

G.4 松科 Pinaceae

马尾松 *Pinus massoniana* Lamb.
湿地松 *Pinus elliottii* Englem.

G.5 杉科 Taxodiaceae

* 杉木 *Cunninghamia lanceolata*（Lamb.）Hook.

G.10 红豆杉科 Taxaceae

红豆杉 *Taxus wallichiana* var. *chinensis*（Pilg.）Florin

G.11 买麻藤科 Gnetaceae

小叶买麻藤 *Gnetum parvifolium*（Warb.）C. Y. Cheng ex Chun

二、被子植物亚门 Angiospermae

（一）双子叶植物纲 Dicotyledoneae

8 番荔枝科 Annonaceae

假鹰爪 *Desmos chinensis* Lour.
光叶紫玉盘 *Uvaria boniana* Finet et Gagnep.

11 樟科 Lauraceae

广东琼楠 *Beilschmiedia fordii* Dunn.
无根藤 *Cassytha filiformis* L.

阴香 *Cinnamomum burmannii*（C. G. & Th. Nees）Bl.

黄樟 *Cinnamomum parthenoxylon*（Jack）Meisn.

川桂 *Cinnamomum wilsonii* Gamble

香叶树 *Lindera communis* Hemsl.

山苍子 *Litsea cubeba*（Lour.）Pers.

黄丹木姜子 *Litsea elongata*（Wall. ex Nees）Benth. et Hook. f.

潺槁木姜子 *Litsea glutinosa*（Lour.）C. B. Rob.

假柿木姜子 *Litsea monopetala* Pers.

圆叶豺皮樟 *Litsea rotundifolia* Hemsl.

广东润楠 *Machilus kwangtungensis* Yang

木姜润楠 *Machilus litseifolia* S. Lee

香港新木姜子 *Neolitsea cambodiana* var. *glabra* Allen

13A 青藤科 Illigeraceae

小花青藤 *Illigera parviflora* Dunn

15 毛茛科 Ranunculaceae

皱叶铁线莲 *Clematis uncinata* var. *coriacea* Pamp.

威灵仙 *Clematis chinensis* Osbeck.

厚叶铁线莲 *Clematis crassifolia* Benth.

山木通 *Clematis finetiana* Lévl. et Vant.

铁线莲 *Clematis florida* Thunb.

绣毛铁线莲 *Clematis leschenaultiana* DC.

禺毛茛 *Ranunculus cantoniensis* DC.

石龙芮 *Ranunculus sceleratus* L.

爪哇唐松草 *Thalictrum javanicum* Bl.

19 小檗科 Berberidaceae

小叶十大功劳 *Mahonia microphylla* Ying et G. R. Long

21 木通科 Lardizabalaceae

卵叶野木瓜 *Stauntonia obovata* Hemsl.

23 防己科 Menispermaceae

樟叶木防己 *Cocculus laurifolius* DC.

木防己 *Cocculus orbiculatus*（L.）DC.

毛叶轮环藤 *Cyclea barbata* Miers

轮环藤 *Cyclea racemosa* Oliv.

苍白秤钩风 *Diploclisia glaucescens*（Bl.）Diels

夜花藤 *Hypserpa nitida* Miers ex Benth.

粪箕笃 *Stephania longa* Lour.

中华青牛胆 *Tinospora sinensis*（Lour.）Merr.

24 马兜铃科 Aristolochiaceae

马兜铃 *Aristolochia debilis* Sieb. et Zucc.

29 三白草科 Saururaceae

鱼腥草 *Houttuynia cordata* Thunb.

30 金粟兰科 Chloranthaceae

单穗金粟兰 *Chloranthus monostachys* R. Br.

草珊瑚 *Sarcandra glabra*（Thunb.）Nakai

39 十字花科 Cruciferae

荠 *Capsella bursa-pastoris*（L.）Medic.

弯曲碎米荠 *Cardamine flexuosa* With.

碎米荠 *Cardamine hirsuta* L.

焯菜 *Rorippa indica*（L.）Hiern

40 堇菜科 Violaceae

蔓茎堇菜 *Viola diffusa* Ging.

毛堇菜 *Viola thomsonii* Oudem.

42 远志科 Polygalaceae

尾叶远志 *Polygala caudata* Rehd. et Wils.

45 景天科 Crassulaceae

瓦松属 *Orostachy* ssp.

垂盆草 *Sedum sarmentosum* Bunge

47 虎耳草科 Saxifragaceae

大桥虎耳草 *Saxifraga daqiaoensis* F. G. Wang et F. W. Xing

56 马齿苋科 Portulacaceae

马齿苋 *Portulaca oleracea* L.

土人参 *Talinum paniculatum*（Jacq.）Gaertn.

57 蓼科 Polygonaceae

金线草 *Antenoron filiforme*（Thunb.）Rob. et Vant.

何首乌 *Fallopia multiflora*（Thunb.）Harald.

火炭母 *Polygonum chinense* L.

长箭叶蓼 *Polygonum hastatosagittatum* Makino

水蓼 *Polygonum hydropiper* L.

杠板归 *Polygonum perfoliatum* L.

59 商陆科 Phytolaccaceae

美洲商陆 *Phytolacca americana* L.

61 藜科 Chenopodiaceae

土荆芥 *Chenopodium ambrosioides* L.

63 苋科 Amaranthaceae

土牛膝 *Achyranthes aspera* L.

虾钳菜 *Alternanthera sessilis*（L.）R. Br. ex DC.

刺苋 *Amaranthus spinosus* L.

皱果苋 *Amaranthus viridis* L.

65 亚麻科 Linaceae

米念芭 *Tirpitzia ovoidea* Chun et How ex Sha

69 酢浆草科 Oxalidaceae

酢浆草 *Oxalis corniculata* L.

红花酢浆草 *Oxalis corymbosa* DC.

71 凤仙花科 Balsaminaceae

鸭跖草凤仙 *Impatiens commelinoides* Hand.-Mazz.

丰满凤仙花 *Impatiens obesa* Hook. f.

多脉凤仙花 *Impatiens polyneura* K. M. Liu

72 千屈菜科 Lythraceae

狭瓣紫薇 *Lagerstroemia stenopetala* Chun

77 柳叶菜科 Onagraceae

毛草龙 *Ludwigia octovalvis*（Jacq.）Raven

81 瑞香科 Thymelaeaceae

了哥王 *Wikstroemia indica*（L.）C. A. Mey.

北江荛花 *Wikstroemia monnula* Hance

细轴荛花 *Wikstroemia nutans* Champ. ex Benth.

85 五桠果科 Dilleniaceae

锡叶藤 *Tetracera sarmentosa* Vahl.

88 海桐花科 Pittosporaceae

聚花海桐 *Pittosporum balansae* DC.

褐毛海桐 *Pittosporum fulvipilosum* H. T. Chang et S. Z. Yan

93 大风子科 Flacourtiaceae

长叶柞木 *Xylosma longifolia* Clos

103 葫芦科 Cucurbitaceae

绞股蓝 *Gynostemma pentaphyllum*（Thunb.）Makino

全缘栝楼 *Trichosanthes pilosa* Loureiro

中华栝楼 *Trichosanthes rosthornii* Harms

老鼠拉冬瓜 *Zehneria japonica*（Thunb.）H. Y. Liu

钮子瓜 *Zehneria maysorensis*（Wight et Arn.）Arn.

104 秋海棠科 Begoniaceae

秋海棠 *Begonia grandis* Dry.

癞叶秋海棠 *Begonia leprosa* Hance

裂叶秋海棠 *Begonia palmata* D. Don

108 山茶科 Theaceae

杨桐 *Adinandra millettii*（Hook. et Arn.）Benth. et Hook. f. ex Hance

尖连萼茶 *Camellia cuspidata*（Kochs）Wright ex Gard.

毛柄连蕊茶 *Camellia fraterna* Hance

糙果茶 *Camellia furfuracea*（Merr.）Coh. Stuart

* 油茶 *Camellia oleifera* Abel.

米碎花 *Eurya chinensis* R. Br.

华南毛柃 *Eurya ciliata* Merr.

二列叶柃 *Eurya distichophylla* Hemsl.

岗柃 *Eurya groffii* Merr.

细枝柃 *Eurya loquaiana* Dunn

黑柃 *Eurya macartneyi* Champ.

细齿叶柃 *Eurya nitida* Korth.

木荷 *Schima superba* Gardn. et Champ.

113 水东哥科 Saurauiaceae

水东哥 *Saurauia tristyla* DC.

118 桃金娘科 Myrtaceae

肖蒲桃 *Acmena acuminatissimum*（Blume）Candolle

岗松 *Baeckea frutescens* L.

桃金娘 *Rhodomyrtus tomentosa*（Ait.）Hassk.

华南蒲桃 *Syzygium austrosinense*（Merr. et Perry）H. T. Chang et R. H. Miau

山蒲桃 *Syzygium levinei*（Merr.）Merr.

红枝蒲桃 *Syzygium rehderianum* Merr. et Perry

120 野牡丹科 Melastomataceae

多花野牡丹 *Melastoma affine* D. Don

野牡丹 *Melastoma malabathricum* Linnaeus

地菍 *Melastoma dodecandrum* Lour.

毛菍 *Melastoma sanguineum* Sims.

朝天罐 *Osbeckia opipara* C. Y. Wu et C. Chen

123 金丝桃科 Hypericaceae

赶山鞭 *Hypericum attenuatum* Chois.

金丝桃 *Hypericum monogynum* L.

128 椴树科 Tiliaceae

扁担杆 *Grewia biloba* G. Don

破布叶 *Microcos paniculata* L.

刺蒴麻 *Triumfetta rhomboidea* Jacq.

128A 杜英科 Elaeocarpaceae

中华杜英 *Elaeocarpus chinensis*（Gardn. et Champ.）Hook. f. ex Benth.

杜英 *Elaeocarpus decipiens* Hemsl.

山杜英 *Elaeocarpus sylvestris*（Lour.）Poir.

130 梧桐科 Sterculiaceae

山芝麻 *Helicteres angustifolia* L.

翻白叶树 *Pterospermum heterophyllum* Hance

假苹婆 *Sterculia lanceolata* Cav.

132 锦葵科 Malvaceae

黄葵 *Abelmoschus moschatus*（L.）Med.

木芙蓉 *Hibiscus mutabilis* L.

吊灯花 *Hibiscus schizopetalus*（Mast.）Hemsl.

地桃花 *Urena lobata* L.

梵天花 *Urena procumbens* L.

136 大戟科 Euphorbiaceae

铁苋菜 *Acalypha australis* L.

红背山麻杆 *Alchornea trewioides*（Benth.）Muell. Arg.

山地五月茶 *Antidesma montanum* Bl.

银柴 *Aporosa dioica* Muell. Arg.

云南大沙叶 *Aporosa yunnanensis*（Pax et Hoffm.）Metc.

秋枫 *Bischofia javanica* Bl.

黑面神 *Breynia fruticosa*（L.）Hook. f.

大叶土蜜树 *Bridelia retusa*（L.）Spreng.

土蜜树 *Bridelia tomentosa* Bl.

巴豆 *Croton tiglium* L.

飞扬草 *Euphorbia hirta* L.

大飞扬 *Euphorbia sampsoni* Hance

微齿大戟 *Euphorbia vachellii* Hook. et Arn.
毛果算盘子 *Glochidion eriocarpum* Champ. ex Benth.
算盘子 *Glochidion puberum*（L.）Hutch.
白背叶 *Mallotus apelta*（Lour.）Muell. Arg.
绒毛野桐 *Mallotus japonicus* var. *oreophilus*（Muell. Arg.）S. M. Hwang
粗糠柴 *Mallotus philippensis*（Lam.）Muell. Arg.
石岩枫 *Mallotus repandus*（Willd.）Muell. Arg.
余甘子 *Phyllanthus emblica* L.
小果叶下珠 *Phyllanthus reticulatus* Poir.
山乌桕 *Triadica cochinchinensis* Lour.
圆叶乌桕 *Triadica rotundifolia*（Hemsl.）Esser.
乌桕 *Triadica sebifera*（L.）Small

136A 交让木科 Daphniphyllaceae

交让木 *Daphniphyllum macropodium* Miq.

139 鼠刺科 Escalloniaceae

厚叶鼠刺 *Itea coriacea* Y. C. Wu

142 绣球科 Hydrangeaceae

四川溲疏 *Deutzia setchuenensis* Franch.

143 蔷薇科 Rosaceae

仙鹤草 *Agrimonia pilosa* Ldb.
蛇莓 *Duchesnea indica*（Andr.）Focke
枇杷 *Eriobotrya japonica*（Thunb.）Lindl.
桂樱属 *Laurocerasus* sp.
橉木 *Padus buergeriana*（Miq.）Yü et Ku
闽粤石楠 *Photinia benthamiana* Hance
饶平石楠 *Photinia raupingensis* Kuan
华毛叶石楠 *Photinia villosa* var. *sinica* Rehd. et Wils.
豆梨 *Pyrus calleryana* Decne.
小果蔷薇 *Rosa cymosa* Tratt.
金樱子 *Rosa laevigata* Michx.
粗叶悬钩子 *Rubus alceifolius* Poir.

山莓 *Rubus corchorifolius* L. f.

山楂叶悬钩子 *Rubus crataegifolius* Bge.

裂叶悬钩子 *Rubus howii* Merr. et Chun

大乌泡 *Rubus pluribracteatus* L. T. Lu & Boufford

茅莓 *Rubus parvifolius* L.

锈毛莓 *Rubus reflexus* Ker Gawl.

空心泡 *Rubus rosifolius* Smith

中华绣线菊 *Spiraea chinensis* Maxim.

146 含羞草科 Mimosaceae

羽叶金合欢 *Acacia pennata*（L.）Willd.

藤金合欢 *Acacia concinna*（Willd.）DC.

天香藤 *Albizia corniculata*（Lour.）Druce

山槐 *Albizia kalkora*（Roxb.）Prain

黄豆树 *Albizia procera*（Roxb.）Benth.

银合欢 *Leucaena leucocephala*（Lam.）de Wit

147 苏木科 Caesalpiniaceae

龙须藤 *Bauhinia championii*（Benth.）Benth.

华南云实 *Caesalpinia crista* L.

云实 *Caesalpinia decapetala*（Roth.）Alston

槐叶决明 *Senna sophera*（L.）Roxb.

决明子 *Senna tora*（L.）Roxb.

小果皂荚 *Gleditsia australis* Hemsl.

老虎刺 *Pterolobium punctatum* Hemsl.

任豆 *Zenia insignis* Chun

148 蝶形花科 Papilionaceae

链荚豆 *Alysicarpus vaginalis*（L.）DC.

蔓草虫豆 *Cajanus scarabaeoides*（L.）Thouars

响铃豆 *Crotalaria albida* Heyne ex Roth

线叶猪屎豆 *Crotalaria linifolia* L. f.

猪屎豆 *Crotalaria pallida* Ait.

藤黄檀 *Dalbergia hancei* Benth.

中南鱼藤 *Derris fordii* Oliv.

小槐花 *Desmodium caudatum*（Thunb.）DC.

假地豆 *Desmodium heterocarpon*（L.）DC.

圆叶野扁豆 *Dunbaria rotundifolia*（Lour.）Merr.

大叶千斤拔 *Flemingia macrophylla*（Willd.）Prain

宽卵叶长柄山蚂蝗 *Hylodesmum podocarpum* subsp. *fallax*(Schindl.)H. Ohashi et R. R. Mill

截叶铁扫帚 *Lespedeza cuneata*（Dum.-Cours.）G. Don

美丽胡枝子 *Lespedeza thunbergii* subsp. *formosa*（Vogel）H. Ohashi

香花崖豆藤 *Callerya dielsiana*（Harms）P. K. Loc ex Z. Wei & Pedley

亮叶崖豆藤 *Callerya nitida*（Bentham）R. Geesink

褶皮黧豆 *Mucuna lamellate* Wilmot-Dear

葛 *Pueraria montana*（Loureiro）Merrill

鹿藿 *Rhynchosia volubilis* Lour.

田菁 *Sesbania cannabina*（Retz.）Pers.

葫芦茶 *Tadehagi triquetrum*（L.）Ohashi

狸尾豆 *Uraria lagopodioides*（L.）Desv. ex DC.

150 旌节花科 Stachyuraceae

西域旌节花 *Stachyurus himalaicus* Hook. f. et Thoms ex Benth.

151 金缕梅科 Hamamelidaceae

杨梅叶蚊母树 *Distylium myricoides* Hemsl.

枫香 *Liquidambar formosana* Hance

檵木 *Loropetalum chinense*（R. Br.）Oliv.

159 杨梅科 Myricaceae

杨梅 *Myrica rubra*（Lour.）Sieb. et Zucc.

163 壳斗科 Fagaceae

红锥 *Castanopsis hystrix* A. DC.

板栗 *Castanea mollissima* Blume

岭南青冈 *Cyclobalanopsis championii*（Benth.）Oerst.

青冈 *Cyclobalanopsis glauca*（Thunb.）Oerst.

杨梅叶青冈 *Cyclobalanopsis myrsinaefolia*（Blume）Oerst.

165 榆科 Ulmaceae

黑弹朴 *Celtis biondii* Pamp.

朴树 *Celtis sinensis* Pers.

山黄麻 *Trema tomentosa*（Roxb.）Hara

167 桑科 Moraceae

楮 *Broussonetia kazinoki* Sieb.

构树 *Broussonetia papyrifera*（L.）L'Hert. ex Vent.

葨芝 *Cudrania cochinchinensis*（Lour.）Kudo et Masam.

天仙果 *Ficus erecta* var. *beecheyana*（Hook. et Arn.）King

粗叶榕 *Ficus hirta* Vahl

榕树 *Ficus microcarpa* L. f.

琴叶榕 *Ficus pandurata* Hance

薜荔 *Ficus pumila* L.

珍珠莲 *Ficus sarmentosa* var. *henryi*（King ex D. Oliv.）Corn.

尾尖爬藤榕 *Ficus sarmentosa* var.*lacrymans*（Lévl.）Corn.

爬藤榕 *Ficus sarmentosa* var. *impressa*（Champ.）Corn.

笔管榕 *Ficus subpisocarpa* Gagnepain

斜叶榕 *Ficus tinctoria* subsp. *gibbosa*（Bl.）Corn.

三叉榕 *Ficus trivia* Corn.

鸡桑 *Morus australis* Poir.

169 荨麻科 Urticaceae

长序苎麻 *Boehmeria dolichostachya* W. T. Wang

苎麻 *Boehmeria nivea*（L.）Gaud.

糯米团 *Gonostegia hirta*（Bl.）Miq.

火麻草 *Laportea cuspidata*（Wedd.）Fri.

紫麻 *Oreocnide frutescens*（Thunb.）Miq.

倒卵叶紫麻 *Oreocnide obovata*（C. H. Wright）Merr.

蔓赤车 *Pellionia scabra* Benth.

波缘冷水花 *Pilea cavaleriei* Lévl.

石油菜 *Pilea cavaleriei* subsp. *valida* C. J. Chen

卵形盾叶冷水花 *Pilea peltata* Hance var. *ovatifolia* C. J. Chen

齿叶矮冷水花 *Pilea peploides* var. *major* Wedd.

矮冷水花 *Pilea peploides*（Gaud.）Hook. et Arn.

厚叶冷水花 *Pilea sinocrassifolia* C. J. Chen

170 大麻科 Cannabaceae

葎草 *Humulus scandens*（Lour.）Merr.

171 冬青科 Aquifoliaceae

梅叶冬青 *Ilex asprella*（Hook. et Arn.）Champ. ex Benth.

黄毛冬青 *Ilex dasyphylla* Merr.

榕叶冬青 *Ilex ficoidea* Hemsl.

广东冬青 *Ilex kwangtungensis* Merr.

大果冬青 *Ilex macrocarpa* Oliv.

毛冬青 *Ilex pubescens* Hook. et Arn.

铁冬青 *Ilex rotunda* Thunb.

173 卫矛科 Celastraceae

青江藤 *Celastrus hindsii* Benth.

南蛇藤 *Celastrus orbiculatus* Thunb.

短梗南蛇藤 *Celastrus rosthornianus* Loes.

扶芳藤 *Euonymus fortunei*（Turcz.）Hand.-Mazz.

疏花卫矛 *Euonymus laxiflorus* Champ. ex Benth.

中华卫茅 *Euonymus nitidus* Benth

179 茶茱萸科 Icacinaceae

小果微花藤 *Iodes vitiginea*（Hance）Hemsl.

马比木 *Nothapodytes pittosporoides*（Oliv.）Sleum.

182 铁青树科 Olacaceae

赤苍藤 *Erythropalum scandens* Bl.

190 鼠李科 Rhamnaceae

多花勾儿茶 *Berchemia floribunda*（Wall.）Brongn.

铁包金 *Berchemia lineata*（L.）DC.

枳椇 *Hovenia acerba* Lindl.

毛果枳椇 *Hovenia trichocarpa* Chun et Tsiang

铜钱树 *Paliurus hemsleyanus* Rehd.

马甲子 *Paliurus ramosissimus*（Lour.）Poir.

黄药 *Rhamnus crenata* Sieb. et Zucc.

黄鼠李 *Rhamnus fulvotincta* F. P. Metcalf

皱叶雀梅藤 *Sageretia rugosa* Hance

雀梅藤 *Sageretia thea*（Osbeck）Johnst.

191 胡颓子科 Elaeagnaceae

蔓胡颓子 *Elaeagnus glabra* Thunb.

193 葡萄科 Vitaceae

广东蛇葡萄 *Ampelopsis cantoniensis*（Hook. et Arn.）Planch.

蛇葡萄 *Ampelopsis glandulosa*（Wall.）Momiy.

显齿蛇葡萄 *Ampelopsis grossedentata*（Hand.-Mazz.）W. T. Wang

角花乌蔹莓 *Cayratia corniculata*（Benth.）Gagnep.

乌蔹莓 *Cayratia japonica*（Thunb.）Gagnep.

三叶崖爬藤 *Tetrastigma hemsleyanum* Diels et Gilg

无毛崖爬藤 *Tetrastigma obtectum* var. *glabrum*（Lévl. et Vant.）Gagnep.

崖爬藤 *Tetrastigma obtectum*（Wall.）Planch. ex Franch.

小果葡萄 *Vitis balansana* Planch.

194 芸香科 Rutaceae

山油柑 *Acronychia pedunculata*（L.）Miq.

齿叶黄皮 *Clausena dunniana* Lévl.

黄皮 *Clausena lansium*（Lour.）Skeels.

楝叶吴萸 *Tetradium glabrifolium*（Champion ex Bentham）T. G. Hartley

三桠苦 *Melicope pteleifolia*（Champion ex Bentham）T. G. Hartley

小花山小橘 *Glycosmis parviflora*（Sims）Kurz.

山小橘 *Glycosmis pentaphylla*（Retz.）Corr.

豆叶九里香 *Murraya euchrestifolia* Hayata

竹叶花椒 *Zanthoxylum armatum* DC.

簕欓花椒 *Zanthoxylum avicennae*（Lam.）DC.

* 花椒 *Zanthoxylum bungeanum* Maxim.

花椒簕 *Zanthoxylum scandens* Bl.

197 楝科 Meliaceae

麻楝 *Chukrasia tabularis* A. Juss.

苦楝 *Melia azedarach* L.

* 香椿 *Toona sinensis*（A. Juss.）Roem.

200 槭树科 Aceraceae

岭南槭 *Acer tutcheri* Duth.

樟叶槭 *Acer coriaceifolium* Lévl.

201 清风藤科 Sabiaceae

红枝柴 *Meliosma oldhamii* Miq. ex Maxim.

笔罗子 *Meliosma rigida* Sieb. et Zucc.

清风藤 *Sabia japonica* Maxim.

204 省沽油科 Staphyleaceae

野鸦椿 *Euscaphis japonica*（Thunb.）Dippel

锐尖山香圆 *Turpinia arguta* Seem.

205 漆树科 Anacardiaceae

南酸枣 *Choerospondias axillaris*（Roxb.）Burtt. et Hill.

黄连木 *Pistacia chinensis* Bung.

盐肤木 *Rhus chinensis* Mill.

木蜡树 *Toxicodendron succedaneum*（L.）O. Kuntz.

野漆树 *Toxicodendron sylvestris*（Sieb. et Zucc.）Tard.

207 胡桃科 Juglandaceae

圆果化香树 *Platycarya strobilacea* Sieb. et Zucc.

209 山茱萸科 Cornaceae

香港四照花 *Cornus hongkongensis* Hemsley

210 八角枫科 Alangiaceae

八角枫 *Alangium chinense*（Lour.）Harms

212 五加科 Araliaceae

常春藤 *Hedera nepalensis* var. *sinensis*（Tobl.）Rehd.

刺楸 *Kalopanax septemlobus*（Thunb.）Koidz.

鸭脚木 *Schefflera heptaphylla*（L.）Frod.

213 伞形科 Umbelliferae

积雪草 *Centella asiatica*（L.）Urban.

天胡荽 *Hydrocotyle sibthorpioides* Lam.

水芹 *Oenanthe javanica*（Bl.）DC.

乌饭树 *Vaccinium bracteatum* Thunb.

221 柿树科 Ebenaceae

* 柿 *Diospyros kaki* Thunb.

岭南柿 *Diospyros tutcheri* Dunn

222 山榄科 Sapotaceae

铁榄 *Sinosideroxylon wightianum*（Hook. et Arn.）Aubrn.

223 紫金牛科 Myrsinaceae

细罗伞 *Ardisia sinoaustralis* C. Chen

小紫金牛 *Ardisia chinensis* Benth.

紫金牛 *Ardisia japonica*（Thunb）Bl.

酸藤子 *Embelia laeta*（L.）Mez

网脉酸藤子 *Embelia vestita* Roxb.

杜茎山 *Maesa japonica*（Thunb.）Moritzi ex Zoll.

鲫鱼胆 *Maesa perlarius*（Lour.）Merr.

224 安息香科 Styracaceae

赛山梅 *Styrax confusus* Hemsl.

白花龙 *Styrax faberi* Perk.

大花安息香 *Styrax grandiflorus* Griff.

225 山矾科 Symplocaceae

光叶山矾 *Symplocos lancifolia* Sieb. et Zucc.

228 马钱科 Loganiaceae

驳骨丹 *Buddleja asiatica* Lour.

醉鱼草 *Buddleja lindleyana* Fort.

229 木犀科 Oleaceae

华素馨 *Jasminum sinense* Hemsl.

小叶女贞 *Ligustrum quihoui* Carr.

小腊 *Ligustrum sinense* Lour.

多毛小蜡 *Ligustrum sinense* var. *coryanum*（W. W. Smith）Hand.-Mazz.

石山桂花 *Osmanthus fordii* Hemsl.

桂花 *Osmanthus fragrans*（Thunb.）Lour.

230 夹竹桃科 Apocynaceae

络石 *Trachelospermum jasminoides*（Lindl.）Lem.

231 萝藦科 Asclepiadaceae

匙羹藤 *Gymnema sylvestre*（Retz.）Schult.

醉魂藤 *Heterostemma brownii* Hayata

娃儿藤 *Tylophora ovata*（Lindl.）Hook. ex Steud.

吊灯花 *Ceropegia trichantha* Hemsl.

232 茜草科 Rubiaceae

岩上珠 *Clarkella nana*（Endg.）Hook. f.

狗骨柴 *Diplospora dubia*（Lindl.）Masam.

栀子 *Gardenia jasminoides* Ellis

玉叶金花 *Mussaenda pubescens* Ait.

日本蛇根草 *Ophiorrhiza japonica* Bl.

鸡矢藤 *Paederia foetida* L.

九节 *Psychotria asiatica* Linn.

驳骨九节 *Psychotria prainii* Lév.

茜草 *Rubia cordifolia* L.

白马骨 *Serissa serissoides*（DC.）Druce

233 忍冬科 Caprifoliaceae

忍冬 *Lonicera japonica* Thunb.

接骨草 *Sambucus javanica* Blume

南方荚蒾 *Viburnum fordiae* Hance

235 败酱科 Valerianaceae

黄花败酱 *Patrinia scabiosaefolia* Fisch. ex Trev.

白花败酱 *Patrinia villosa*（Thub.）Juss.

236 川续断科 Dipsacaceae

川续断 *Dipsacus asper* Wallich ex Candolle

238 菊科 Compositae

胜红蓟 *Ageratum conyzoides* L.

灯台兔耳风 *Ainsliaeama croclinidioides* Hayata

艾 *Artemisia argyi* Lévl. ex Van.

青蒿 *Artemisia caruifolia* Buch.-Ham. ex Roxb.

五月艾 *Artemisia indica* Willd.

白苞蒿 *Artemisia lactiflora* Wall. ex DC.

毛枝三脉紫菀 *Aster ageratoides* var. *lasiocladus*（Hayata）Hand.-Mazz.

三脉紫菀 *Aster trinervius* subsp. *ageratoides*（Turcz.）Grier.

鬼针草 *Bidens pilosa* L.

三叶鬼针草 *Bidens pilosa* var. *radiata* Sch.-Bip.

狼把草 *Bidens tripartita* L.

馥芳艾纳香 *Blumea aromatica* DC.

东风草 *Blumea megacephala*（Rand.）Chang et Tseng

天名精 *Carpesium abrotanoides* L.

蓟 *Cirsium japonicum* Fisch. ex DC.

小蓬草 *Erigeron canadensis* L.

白酒草 *Eschenbachia japonica*（Thunberg）J. Koster

革命菜 *Crassocephalum crepidioides*（Benth.）S. Moor.

野菊 *Chrysanthemum indicum* Linnaeus

鳢肠 *Eclipta prostrata*（L.）L.

地胆草 *Elephantopus scaber* L.

一点红 *Emilia sonchifolia*（L.）DC.

一年蓬 *Erigeron annuus*（L.）Pers.

假臭草 *Praxelis clematidea* Cassini

羊耳菊 *Duhaldea cappa*（Buchanan-Hamilton ex D. Don）Pruski & Anderberg

苦荬菜 *Ixeris polycephala* Cass.

马兰 *Aster indicus* L.

薇甘菊 *Mikania micrantha* H. B. K.
假福王草 *Paraprenanthes sororia*（Miq.）Shih.
千里光 *Senecio scandens* Buch-Ham. ex D. Don
一枝黄花 *Solidago decurrens* Lour.
金腰箭 *Synedrella nodiflora*（L.）Gaertn.
蟛蜞菊 *Sphagneticola calendulacea*（Linnaeus）Pruski
山蟛蜞菊 *Wollastonia montana*（Blume）Candolle
苍耳 *Xanthium sibiricum* Pat. ex Widd.

242 车前科 Plantaginaceae

车前 *Plantago asiatica* L.
大车前 *Plantago major* L.

243 桔梗科 Campanulaceae

山梗菜 *Lobelia sessilifolia* Lamb.

244 半边莲科 Lobeliaceae

铜锤玉带草 *Lobelia angulata* Forst.

250 茄科 Solanaceae

颠茄 *Atropa belladonna* L.
十萼茄 *Lycianthes biflora*（Lour.）Bitter
龙葵 *Solanum nigrum* L.
水茄 *Solanum torvum* Swartz.
假烟叶树 *Solanum erianthum* D. Don

251 旋花科 Convolvulaceae

菟丝子 *Cuscuta chinensis* Lam.
金灯藤 *Cuscuta japonica* Chois.
五爪金龙 *Ipomoea cairica*（L.）Sweet
北鱼黄草 *Merremia sibirica*（L.）Hall. F.
圆叶牵牛 *Ipomoea purpurea* Lam.

252 玄参科 Scrophulariaceae

长蒴母草 *Lindernia anagallis*（Burm. F.）Penn.

母草 *Lindernia crustacea*（L.）F. Muell
陌上菜 *Lindernia procumbens*（Krock.）Phil.
野地钟萼草 *Lindenbergia muraria*（Roxburgh ex D. Don）Bruhl
通泉草 *Mazus pumilus*（N. L. Burm.）Steen.
白花泡桐 *Paulownia fortunei*（Seem.）Hemsl.
四方麻 *Veronicastrum caulopterum*（Hance）Yam.

253 列当科 Orobanchaceae

野菰 *Aeginetia indica* L.

256 苦苣苔科 Gesneriaceae

华南半蒴苣苔 *Hemiboea follicularis* Clark.
腺毛半蒴苣苔 *Hemiboea strigosa* Chun ex W. T. Wang
吊石苣苔 *Lysionotus pauciflorus* Maxim.
网脉蛛毛苣苔 *Paraboea dictyoneura*（Hance）Burtt.
石山苣苔 *Petrocodon dealbatus* Hance
牛耳朵 *Chirita eburnea* Hance
封开报春苣苔 *Primulina fengkaiensis* Z. L. Ning et M. Kang
蚂蝗七 *Chirita fimbrisepala* Hand.-Mazz.
怀集报春苣苔 *Primulina huaijiensis* Z. L. Ning et J. Wang
乐昌报春苣苔 *Primulina lechangensis* Xin Hong，F. Wen et S. B. Zhou
浅裂报春苣苔 *Primulina lobulata*（W. T. Wang）Mich. Möll. et A. Web.
鲁特报春苣苔 *Primulina lutvittata* F. Wen et Y.G. Wei
马坝报春苣苔 *Primulina mabaensis* K. F. Chung et W. B. Xu
花叶牛耳朵 *Primulina maculata* W. B. Xu et J. Guo
马氏报春苣苔 *Primulina maciejewskii* F. Wen，R. L. Zhang et A. Q. Dong
莫氏报春苣苔 *Primulina moi* F. Wen et Y. G. Wei
彭氏报春苣苔 *Primulina pengii* W. B. Xu et K. F. Chung
清远报春苣苔 *Primulina qingyuanensis* Z. L. Ning et Ming Kang
报春苣苔 *Primulina tabacum* Hance
阳山报春苣苔 *Primulina yangshanensis* W. B. Xu et B. Pan
英德报春苣苔 *Primulina yingdeensis* Z. L. Ning，M. Kang et X. Y. Zhuang

257 紫葳科 Bignoniaceae

菜豆树 *Radermachera sinica*（Hance）Hemsl.

259 爵床科 Acanthaceae

白接骨 *Asystasia neesiana*（Wall.）Nees

黄猄草 *Strobilanthes tetrasperma*（Champ. ex Benth.）Druce

野靛棵 *Justicia patentiflora* Hemsl.

爵床 *Justicia procumbens* L.

大驳骨 *Justicia ventricosa* Wall.

南岭野靛棵 *Justicia leptostachya* Hemsley

华南马蓝 *Strobilanthes austrosinensis* Y. F. Deng et J. R. I. Wood

大花老鸦嘴 *Thunbergia grandiflora*（Rottl. ex Willd.）Roxb.

263 马鞭草科 Verbenaceae

短柄紫珠 *Callicarpa brevipes*（Benth.）Hance

杜虹花 *Callicarpa formosana* Rolf.

枇杷叶紫珠 *Callicarpa kochiana* Makino

红紫珠 *Callicarpa rubella* Lindl.

白花灯笼 *Clerodendrum fortunatum* L.

臭茉莉 *Clerodendrum chinense* var. *simplex*（Moldenke）S. L. Chen

马缨丹 *Lantana camara* L.

马鞭草 *Verbena officinalis* L.

黄荆 *Vitex negundo* L.

牡荆 *Vitex negundo* var. *cannabifolia*（Sieb. et Zucc.）Hand.-Mazz.

264 唇形科 Labiatae

排草香 *Anisochilus carnosus*（L. f.）Benth. et Wall

瘦风轮菜 *Clinopodium gracila*（Benth.）Mat.

肉叶鞘蕊花 *Coleus carnosifolius*（Hemsl.）Dunn

宽叶锥花 *Gomphostemma latifolium* C. Y. Wu

益母草 *Leonurus japonicus* Hout.

小花荠苎 *Mosla cavaleriei* Lévl.

小鱼仙草 *Mosla dianthera*（Buch.-Ham.）Maxim.

野生紫苏 *Perilla frutescens* var. *purpurascens*（Hayata）H. W. Li

庐山香科科 *Teucrium pernyi* Franch.

铁轴草 *Teucrium quadrifarium* Buch.-Ham. ex D. Don

血见愁 *Teucrium viscidum* Bl.

（二）单子叶植物纲 Monocotyledoneae

276 眼子菜科 Potamogetonaceae

眼子菜 *Potamogeton distinctus* A. Benn.

280 鸭跖草科 Commelinaceae

鸭跖草 *Commelina communis* L.

大苞鸭跖草 *Commelina paludosa* Bl.

* 吊竹梅 *Tradescantia fluminensis* Vell.

285 谷精草科 Eriocaulaceae

长苞谷精草 *Eriocaulon decemflorum* Maxim.

290 姜科 Zingiberaceae

山姜 *Alpinia japonica*（Thunb.）Miq.

草豆蔻 *Alpinia katsumadai* Hayata

闭鞘姜 *Costus speciosus*（Koen.）Smith

291 * 美人蕉科 Cannaceae

* 蕉芋 *Canna indica* L.

293 百合科 Liliaceae

天门冬 *Asparagus cochinchinensis*（Lour.）Merr.

山菅兰 *Dianella ensifolia*（L.）DC.

萱草 *Hemerocallis fulva*（L.）L.

山麦冬 *Liriope spicata*（Thunb.）Lour.

间型沿阶草 *Ophiopogon intermedius* D. Don

广东沿阶草 *Ophiopogon reversus* C. C. Huang

多花黄精 *Polygonatum cyrtonema* Hua

黄精 *Polygonatum sibiricum* Red.

297 菝葜科 Smilacaceae

肖菝葜 *Heterosmilax japonica* Kunth

菝葜 *Smilax china* L.

土茯苓 *Smilax glabra* Roxb.

牛尾菜 *Smilax riparia* A. DC.

302 天南星科 Araceae

石菖蒲 *Acorus tatarinowii* Soland.
海芋 *Alocasia odora*（Roxburgh）K. Koch
南蛇棒 *Amorphophallus dunnii* Tutch.
花蘑芋 *Amorphophallus konjac* K. Koch
野芋 *Colocasia antiquorum* Schott
半夏 *Pinellia ternata*（Thunb.）Breit.
犁头尖 *Typhonium blumei* Nicols. et Siv.

306 石蒜科 Amaryllidaceae

忽地笑 *Lycoris aurea*（L'Hérit.）Herb.

310 百部科 Stemonaceae

大百部 *Stemona tuberosa* Lour.

311 薯蓣科 Dioscoreaceae

黄独 *Dioscorea bulbifera* L.
细柄薯蓣 *Dioscorea tenuipes* Franch. et Savat.

314 棕榈科 Palmae

棕榈 *Trachycarpus fortunei*（Hook.）H. Wendl.

318 仙茅科 Hypoxidaceae

大叶仙茅 *Curculigo capitulata*（Lour.）O. Kunt.
仙茅 *Curculigo orchioides* Gaertn.

321 蒟蒻薯科 Taccaceae

裂果薯 *Tacca plantaginea*（Hance）Drenth
蒟蒻薯 *Tacca chantrieri* And.

326 兰科 Orchidaceae

鹅毛玉凤花 *Habenaria dentata*（Sw.）Schltr
芳香石豆兰 *Bulbophyllum ambrosia*（Hance）Schltr.
苞舌兰 *Spathoglottis pubescens* Lindl.

331 莎草科 Cyperaceae

球柱草 *Bulbostylis barbata*（Rottb.）Kunth.

浆果薹草 *Carex baccans* Nees

中华薹草 *Carex chinensis* Retz.

十字薹草 *Carex cruciata* Wahl.

蕨状薹草 *Carex filicina* Nees

花葶薹草 *Carex scaposa* C. B. Clarke

扁穗莎草 *Cyperus compressus* L.

异型莎草 *Cyperus difformis* L.

畦畔莎草 *Cyperus haspan* L.

碎米莎草 *Cyperus iria* L.

香附子 *Cyperus rotundus* L.

畦畔飘拂草 *Fimbristylis squarrosa* Vahl

黑莎草 *Gahnia tristis* Nees

割鸡芒 *Hypolytrum nemorum*（Vahl）Spreng.

短叶水蜈蚣 *Kyllinga brevifolia* Rottb.

鳞籽莎 *Lepidosperma chinense* Nees

砖子苗 *Cyperus cyperoides*（L.）Kuntze

三俭草 *Rhynchospora corymbose*（L.）Britt.

水葱 *Schoenoplectus tabernaemontani*（C. C. Gmelin）Palla

华珍珠茅 *Scleria ciliaris* Nees

332A 竹亚科 Bambusaceae

粉单竹 *Bambusa chungii* McClure

撑篙竹 *Bambusa pervariabilis* McClure

青皮竹 *Bambusa textilis* McClure

箬叶竹 *Indocalamus longiauritus* Hand.-Mazz.

332B 禾亚科 Agrostidoideae

水蔗草 *Apluda mutica* L.

荩草 *Arthraxon hispidus*（Trin.）Mak.

野古草 *Arundinella hirta*（Thunb.）Tanaka

细梗薹草 *Carex tristachya* C. A. Mey.

假淡竹叶 *Centotheca lappacea*（L.）Desv.

狗牙根 *Cynodon dactylon*（L.）Pers.
弓果黍 *Cyrtococcum patens*（L.）A. Camus
马唐 *Digitaria sanguinalis*（L.）Scop.
稗 *Echinochloa crus-galli*（L.）P. Beauv.
牛筋草 *Eleusine indica*（L.）Gaertn.
画眉草 *Eragrostis pilosa*（L.）Beauv.
距花黍 *Ichnanthu svicinus*（F. M. Bail.）Merr.
白茅 *Imperata cylindrica*（L.）Beauv.
柳叶箬 *Isachne globosa*（Thunb.）Kuntze
细毛鸭嘴草 *Ischaemum ciliare* Retz.
淡竹叶 *Lophatherum gracile* Brongn.
蔓生莠竹 *Microstegium fasciculatum*（Linnaeus）Henrard
五节芒 *Miscanthus floridulus*（Lab.）Warb. ex K. Schum. et Laut.
芒 *Miscanthus sinensis* And.
毛俭草 *Mnesithea mollicoma*（Hance）A. Camus.
类芦 *Neyraudia reynaudiana*（Kunth.）Keng ex Hithc.
竹叶草 *Oplismenus compositus*（L.）Beauv.
铺地黍 *Panicum repens* L.
雀稗 *Paspalum thunbergii* Kunth ex Steud.
狼尾草 *Pennisetum alopecuroides*（L.）Spreng.
芦苇 *Phragmites australis* Trin. ex Steud.
金丝草 *Pogonatherum crinitum*（Thunb.）Kunth
金发草 *Pogonatherum paniceum*（Lam.）Hack.
筒轴茅 *Rottboellia cochinchinensis*（Loureiro）Clayton
莠狗尾草 *Setaria geniculata*（Lam.）Beauv.
棕叶狗尾草 *Setaria palmifolia*（Koen.）Stapf
狗尾草 *Setaria viridis*（L.）Beauv.
鼠尾粟 *Sporobolus fertilis*（Steud.）W. D. Clayton